国家电网有限公司特高压建设分公司
STATE GRID UHV ENGLNEERING CONSTRUCTION COMPANY

特高压工程建设典型经验

（2022年版）

变电工程分册

国家电网有限公司特高压建设分公司　组编

中国电力出版社
CHINA ELECTRIC POWER PRESS

内 容 提 要

为进一步落实国家电网有限公司"一体四翼"战略布局,促进"六精四化"三年行动计划落地实施,提升特高压工程建设管理水平,国家电网有限公司特高压建设分公司系统梳理、全面总结特高压工程建设管理经验,提炼形成《特高压工程建设标准化管理》等系列成果,涵盖建设管理、技术标准、施工工艺、典型工法、经验案例等内容。

本书为《特高压工程建设典型经验(2022年版) 变电工程分册》,分为土建篇和电气篇。土建篇包括主辅控制楼及综合楼、阀厅、轨道广场及防火墙、GIS室及继电器室、全站场地及围墙道路、电缆沟、水工系统及建(构)筑物7章共33个典型经验;电气篇包括换流变压器及1000kV变压器、换流阀、其他一次设备、控制保护与调试、滤波无功设备及二次设备、其他6章共68个典型经验。每个经验均从经验创新点、实施要点、适用范围及经验小结等方面进行分析、总结。

本套书可供从事特高压工程建设的技术人员和管理人员学习使用。

图书在版编目(CIP)数据

特高压工程建设典型经验:2022年版.变电工程分册/国家电网有限公司特高压建设分公司组编.—北京:中国电力出版社,2023.9

ISBN 978-7-5198-8045-3

Ⅰ.①特… Ⅱ.①国… Ⅲ.①特高压电网－变电－经验 Ⅳ.①TM727

中国国家版本馆 CIP 数据核字(2023)第 153166 号

出版发行:中国电力出版社
地 址:北京市东城区北京站西街 19 号(邮政编码 100005)
网 址:http://www.cepp.sgcc.com.cn
责任编辑:张 瑶(010-63412503)
责任校对:黄 蓓 朱丽芳
装帧设计:郝晓燕
责任印制:石 雷

印 刷:北京九天鸿程印刷有限责任公司
版 次:2023 年 9 月第一版
印 次:2023 年 9 月北京第一次印刷
开 本:880 毫米×1230 毫米 16 开本
印 张:6.75
字 数:149 千字
定 价:60.00 元

《特高压工程建设典型经验（2022年版）变电工程分册》

编 委 会

主　任	蔡敬东　种芝艺
副主任	孙敬国　张永楠　毛继兵　刘　皓　程更生　张亚鹏 邹军峰　安建强　张金德
成　员	刘良军　谭启斌　董四清　刘志明　徐志军　刘洪涛 张　昉　李　波　肖　健　白光亚　倪向萍　肖　峰 王新元　张　诚　张　智　王　艳　王茂忠　陈　凯 徐国庆　张　宁　孙中明　李　勇　姚　斌　李　斌

本书编写组

组　　　长	邹军峰
副　组　长	白光亚　倪向萍
主要编写人员	汪　通　汪旭旭　郎鹏越　吴　畏　侯　镭　曹加良 张　鹏（变电）　王小松　刘　波　宋洪磊　齐加恩 琚忠明　王开库　杨　波　侯纪勇　阎国增　杨洪瑞 陈绪德　刘凯锋　程怀宇　李　昱　李同晗　刘　振 李康伟　林福生　杜常见　管　永　潘俊锐　刘燚冲 刘红桥　王石磊　龙荣洪　张　智（西南）　郭子威 徐嘉阳　宗海迥　周振洲

序

　　从 2006 年 8 月我国首个特高压工程——1000kV 晋东南—南阳—荆门特高压交流试验示范工程开工建设，至 2022 年底，国家电网有限公司已累计建成特高压交直流工程 33 项，特高压骨干网架已初步建成，为促进我国能源资源大范围优化配置、推动新能源大规模高效开发利用发挥了重要作用。特高压工程实现从"中国创造"到"中国引领"，成为中国高端制造的"国家名片"。

　　高质量发展是全面建设社会主义现代化国家的首要任务。我国大力推进以稳定安全可靠的特高压输变电线路为载体的新能源供给消纳体系规划建设，赋予了特高压工程新的使命。作为新型电力系统建设、实现"碳达峰、碳中和"目标的排头兵，特高压发展迎来新的重大机遇。

　　面对新一轮特高压工程大规模建设，总结传承好特高压工程建设管理经验、推广应用项目标准化成果，对于提升工程建设管理水平、推动特高压工程高质量建设具有重要意义。

　　国家电网有限公司特高压建设分公司应三峡输变电工程而生，伴随特高压工程成长壮大，成立 26 年以来，建成全部三峡输变电工程，全程参与了国家电网所有特高压交直流工程建设，直接建设管理了以首条特高压交流试验示范工程、首条特高压直流示范工程、首条特高压同塔双回交流示范工程、首条世界电压等级最高的特高压直流输电工程为代表的多项特高压交直流工程，积累了丰富的工程建设管理经验，形成了丰硕的项目标准化管理成果。经系统梳理、全面总结，提炼形成《特高压工程建设标准化管理》等系列成果，涵盖建设管理、技术标准、工艺工法、经验案例等内容，为后续特高压工程建设提供管理借鉴和实践案例。

　　他山之石，可以攻玉。相信《特高压工程建设标准化管理》等系列成果的出版，对于加强特高压工程建设管理经验交流、促进"六精四化"落地实施，提升国家电网输变电工程建设整体管理水平将起到积极的促进作用。国家电网有限公司特高压建设分公司将在不断总结自身实践的基础上，博采众长、兼收并蓄业内先进成果，迭代更新、持续改进，以专业公司的能力与作为，在引领工程建设管理、推动特高压工程高质量建设方面发挥更大的作用。

2023 年 6 月

前言

为落实国家电网有限公司"六精四化"（精益求精抓安全、精雕细刻提质量、精准管控保进度、精耕细作搞技术、精打细算控造价、精心培育强队伍，标准化、机械化、绿色化、智能化）三年行动计划，进一步统一建设标准，建立适合特高压工程的技术标准体系，努力打造特高压标准化建设中心，以标准化为抓手，高质量建成并推动特高压"五库一平台"落地应用，国家电网有限公司特高压建设分公司组织各部门、工程建设部，结合特高压工程特点，全面梳理分析近年来特高压工程变电工程建设典型经验，总结近几年±1100kV特高压换流站工程、柔性直流换流站工程、调相机工程方面建设管理经验，为后续工程建设管理提供借鉴。

《特高压工程建设典型经验（2022年版）　变电工程分册》包括土建篇和电气篇。土建篇包括主辅控制楼及综合楼、阀厅等在内的经验33项。电气篇包括换流变压器、1000kV变压器等在内的经验68项。每项经验内容包括创新点、实施要点、适用范围、小结，是对特高压工程建设设计、施工工艺标准及建设管理等方面的有力补充，为后续工程建设提供经验支撑和参考。

国家电网有限公司特高压建设分公司将结合"五库一平台"建设，继续开展建设标准的深化研究，根据特高压工程建设实际，对特高压工程建设典型经验进行动态更新，持续完善，打造更完善的特高压技术标准体系，服务特高压工程高质量建设。

本书在编写过程中得到了安徽送变电工程有限公司、湖南省送变电工程有限公司、河南送变电建设有限公司、甘肃送变电工程有限公司、国网湖北送变电工程有限公司、国网四川电力送变电建设有限公司、国网黑龙江省送变电工程有限公司、上海送变电工程有限公司、上海电力建筑工程有限公司、天津电力建设有限公司等单位相关同志的支持和帮助，在此表示诚挚的感谢！

限于编者的水平和经验，书中难免存有不当之处，恳请读者批评指正。

编　者

2023年4月

目录

序

前言

第一篇 土 建 篇

第一篇　土　建　篇

第一章 主辅控制楼及综合楼

经验 1 站前区布置方案优化实例

【经验创新点】

站前区整体设计方案在不增加工程费用、满足运行日常办公生活环境需求的情况下，通过各类绿化种植、装饰墙布置、广场砖铺设和假山石布置等，为站前区营造了良好的站前区视觉效果，为运行人员工作、生活提供良好环境，实施效果如图1-1-1和图1-1-2所示。

图1-1-1 综合楼广场总体效果图

图1-1-2 站前广场局部实景图

【实施要点】

要点1：站前区布置在站区东北角靠近进站大门处。综合楼建筑外形呈L形布置，建筑主入口及主立面面对站前广场，入站视觉效果好。综合楼前广场设置外向型的景观，以广场砖铺面，设置树池点缀其中。作为站区环境的展示空间，站前区景观布置提升了站内整体空间环境。

要点2：车库布置在综合楼南侧，消防车出口满足消防车辆出入要求。车库南侧距离综合楼距离大于 10.0m，满足《建筑设计防火规范》（GB 50016—2014）及《火力发电厂与变电站设计防火标准》（GB 50229—2019）建筑物防火间距要求。

要点 3：污水处理装置的布置合理利用了站前空间，位于综合楼与车库之间的空地，布置紧凑而不拥挤、功能实用、使用方便。由于污水处理装置为地下设置，对上部荷载有较高限制要求。因此，在其地面空间设置区域绿化，既对辅助设施进行了景观遮盖，又能防止车辆误入压坏设施，还提供了综合楼内院的半围合内向型景观，适于站内运行人员休憩，提高了运行人员的生活品质。

要点 4：本工程站前区为本站主景观区，采取软景的设计理念，将建筑与绿化、景观完美融合，绿植选择以常绿为主、花冠为辅，以高、中、低层次划分，将常青与落叶合理比例搭配，从色彩上做到四季有景、造型曲线流畅、色彩新颖。植物组团形式多样化，镂空墙背景布置层次分明，充分满足运行人员对绿意的需求，营造了良好的站前区视觉效果。

【适用范围】

本经验适用于受端换流站的综合楼建筑设计、站前区布置及绿化设计。

【小结】

本工程站前区布置科学合理、功能实用、使用方便，L 形综合楼建筑设计线条流畅，外立面配色视觉效果好；综合楼前广场面积留足，站前广场设置了标志性的景观节点，成为进站入口处的视觉焦点。

经验 2　换流（变电）站建筑物外立面优化设计措施

【经验创新点】

换流（变电）站建筑物外立面注重设计优化技术，建筑物外立面整体效果在符合工业建筑大方、简约要求的同时，兼具美观和协调性。建筑物外立面上的窗户、排烟口、格栅风口、落水管、彩钢板色带等尺寸应统一、数量适中、排布整齐，勒脚砖、外墙砖等均应呈现整砖效果，确保建筑物外立面观感质量。总体效果分别如图 1-2-1 和图 1-2-2 所示。

图 1-2-1　总体效果 1　　　　　　　　　　　　图 1-2-2　总体效果 2

图 1-2-3　全站雨篷落水管统一布置

【实施要点】

要点 1：对全站雨篷落水管进行统一布置，如图 1-2-3 所示。

要点 2：对建筑物外立面上的窗户、排烟口及彩钢板色带等的布置进行综合考虑，并进行尺寸统一、数量优化。主控楼正立面外窗采用通长为主、单个为辅的"点线结合"形式，将水平或竖直方向上临近的小窗合并成长条的玻璃幕墙，保留部分小窗，并保证总体上的轴对称，如图 1-2-4 所示。

要点 3：统一全站建筑物勒脚砖材质、尺寸、色彩，并根据勒脚砖尺寸确定全站建筑物勒脚高度，保证勒脚高度是勒脚砖高的整倍数，如图 1-2-5 所示。

要点 4：GIS 室格栅风口嵌入外立面勒脚，格栅风口的尺寸、颜色和整块勒脚砖一致，如图 1-2-6 所示。

要点 5：站前区综合楼、车库等建筑物的外砖采用浅黄色大尺寸保温一体板，并根据外墙砖尺寸确定窗户的尺寸、间距，保证综合楼、车库等建筑物的外立面全是整砖，如图 1-2-7 所示。

图 1-2-4　主控楼正立面效果

图 1-2-5　建筑物勒脚砖安装效果

图 1-2-6　GIS 室的格栅风口设置效果

图 1-2-7　站前区建筑外立面效果

【适用范围】

本经验适用于换流站工程建筑物外立面优化布置。

【小结】

通过统一尺寸色彩、优化数量、综合布局等手段，使建筑物外立面上窗户、排烟口等的布置整齐划一；统一建筑物勒脚砖、外墙砖尺寸，并结合勒脚砖、外墙砖尺寸进行勒脚高度、窗户间距的设计，使得勒脚、外立面上均呈现整砖的效果；外墙砖采用大尺寸保温一体板，整体观感简约、大方，还能减少材料、人工费用并缩短施工周期。

经验3　文旅区全站建筑外立面造型及色彩设计经验

【经验创新点】

某换流站地处长城Ⅰ类保护区，国家文物局和市规划和国土资源管理委员会对全站建筑风格、色彩、材质等要求严格，需考虑建筑与周围环境相协调。

【实施要点】

要点1：建筑风格需符合地区建筑风格设计要素，体现时代特征和地域特点，与周围现状建筑风格相协调。低层、多层建筑应采用坡屋顶或平坡结合屋面。

要点2：站区建筑物色彩设计考虑地域四季色彩，阀厅、控制楼采用雅致、柔和、沉稳的灰色系压型金属板饰面，其他建筑物采用中式灰砖，主色调为白、灰色系，与地区建筑色彩设计要素的主色调吻合，同时与周围山体灰色相融合。

要点3：站区建筑物立面材质设计考虑站址周边传统坡屋顶灰砖建筑及古长城灰砖和基石，阀厅、控制楼采用压型金属板，配电装置楼、综合楼、水泵房、备品库等其他建筑物采用小砖饰面效果的保温一体化板，建筑材质与周边环境和谐统一。

【适用范围】

本经验适用于文物保护区或民宿区的建筑外立面造型及色彩设计优化。

【小结】

对全站建筑外立面造型及色彩优化设计，满足工程规划设计审查要求。

经验4　结构找坡在建筑屋面的应用

【经验创新点】

在南方多雨地区，建筑物屋面采用结构找坡代替建筑找坡，能有效加速雨水流走，确保屋面排水顺畅，进一步降低建筑物屋面渗漏水的风险。同时，建筑找坡需要后期采用建筑材料成型坡面，不仅浪费材料，而且增大了屋面荷载，延长了工期；而结构找坡使屋面坡度一次成型，工期缩短，整体经济性优于建筑找坡。总体效果如图1-4-1和图1-4-2所示。

图 1-4-1 结构找坡总体效果（一）　　　　　图 1-4-2 结构找坡总体效果（二）

【实施要点】

要点1：为适应工程所在地气候，在设计时就确定建筑物为结构找坡，坡度设为5%。

要点2：在混凝土浇筑过程中，严格控制屋面楼板混凝土厚度和标高、屋脊和边缘的高差、钢筋保护层等关键点，并确保不小于14天的湿润养护。

要点3：进行淋水试验，检验屋面渗漏水情况。再开展后续施工，封闭各类伸缩缝、分隔缝等缝隙，确保雨水不进入。

【适用范围】

适用于多雨地区的钢筋混凝土框架结构建筑物。

【小结】

结构找坡作为南方多雨地区的屋面工程防水措施，起到降低屋面渗漏隐患的作用。在施工中，结构找坡能减少一道屋面工序，相同面积的屋面施工情况下，明显缩短施工工期，同时因为结构的自有坡度，在找坡工序上节省较多建筑材料，从而在整体上降低工程造价。

经验5　方圆扣件在建筑工程梁柱结构施工中的应用经验

【经验创新点】

方圆扣加固体系安拆安全可靠，混凝土成型后质量、观感有保证，且施工周期短、加固速度快、安拆方便、周转速度快；降低模板材料损耗，减少螺杆、塑料套管等材料投入成本，施工周期短，材料周转效率高，减少人力资源成本。

【实施要点】

要点1：以4片定型化卡箍替代传统钢管主背楞，以一种夹具式辅助支架作为临时支撑，通过卡箍上空心槽位置控制方柱截面尺寸，以楔形插销插入空心槽锁紧卡箍替代扣件紧固形式，楔形插销配合卡箍末端空心槽可实现多种尺寸方柱加固，卡箍通过平直端穿入U形弯折端首尾咬合形成水平整体实现模板加固，扣件样品模型如图1-5-1所示。

要点2：在施工现场进行单片方柱模板预组装，严格控制模板尺寸及方木间距，有效保证方柱成型截面尺寸。对于柱高3m以上的方柱，柱高度方向为2块模板对接，四周模板长短相邻，上下连接处错位插接拼装，同时使水平接缝严密，可有效保证大截面方柱的垂直性和整体性，是确保方柱模板加固整体稳定性的关键措施。单片方柱模板预组装展示效果见图1-5-2。

图1-5-1　方圆扣件样品模型

图1-5-2　单片方柱模板预组装展示效果

【适用范围】

本经验适用于换流站工程的框架柱加固施工。

【小结】

方圆扣柱箍模板加固体系在工程应用中，实现了框架方柱模板加固操作简洁化、作业高效化、人力资源和材料成本集约化、结构成型质量优良化。

经验6　利用过渡色带解决不同分区地面砖无法统一排版而带来的线条杂乱问题

【经验创新点】

某换流站综合楼前厅和中厅采用800mm×800mm浅黄色地砖粘贴，周边用150mm黑色波打线过渡调整；缓冲区用米黄色石材，为了不造成较多的线条冲突，特别进行定制加工成对角线接缝，整体面积4块三角形对接而成，观感上整齐美观。

【实施要点】

要点1：在选取不同规格的地砖进行排版未达到理想效果的情况下，采用分区、分色、利用地面砖波打线过渡，弱化不同功能区地砖线条对分视觉冲突的办法，解决三个区域不能进行统一地砖排版而带来的线条杂乱问题。

要点 2：以前厅和中厅各自为准排版，保持一个材质、色调，规格以各自区域面积调整；过渡区与楼梯踏步保持一个材质、色调，为了解决线条冲突，缓冲区用波打线与楼梯、前厅、中厅隔开，重点是在缓冲区采用大块的石材进行粘贴过渡。

【适用范围】

适用于建筑物前厅加中厅，中间由上楼梯缓冲小空间过渡。

【小结】

通过采用分区、分色、利用地面砖波打线过渡，弱化不同功能区地砖线条对分视觉冲突的办法，解决三个区域不能进行统一地砖排版而带来的线条杂乱问题。

第二章　阀　厅

经验 1　阀厅巡视走道分段吊装技术应用

【经验创新点】

通过地面拼装、分段吊装，减少了高处作业，降低了高处作业风险；与传统散吊相比，提高施工工艺和效率，缩短了施工工期。

【实施要点】

要点 1：按照巡视走道牛腿就位轴线，在地面定位牛腿，并用门形架固定。牛腿地面定位时，需保证所有牛腿顶面齐平，然后安装外层巡视走道钢梁，钢梁安装完成后，将花纹钢板安装就位，并按图纸要求焊接、补漆。

要点 2：外层巡视走道钢梁、花纹钢板安装完成后，安装内层巡视走道钢梁，内外层间按图纸要求用绝缘子固定。绝缘子安装前，检查是否有破损，破损的绝缘子禁止使用。螺栓紧固完成后铺设花纹钢板。

要点 3：内层钢梁安装完成后，安装外屏蔽框门形架。门形架安装时，将螺栓、螺母安装就位，但不许紧固，以便后续屏蔽框的安装。

要点 4：安装外层屏蔽框侧立框。外层屏蔽框安装完成后，要对螺栓紧固，并补漆。

要点 5：外层屏蔽框侧立框安装完成后。安装内层屏蔽框门形架以及内屏蔽框（包括侧立框和顶框），并将所有螺栓紧固到位。内屏蔽框安装完成后，进行外屏蔽框顶框的安装，顶框安装完成后，进行焊接、补漆。内、外层屏蔽框安装时，需将吊点位置留出，待吊装就位完成后恢复。

要点 6：按照施工方案布置吊点，正式吊装前进行试吊。试吊时两台起重机将巡视走道吊离地面 10cm，吊车停止起钩，检查吊点、钢丝绳、卡环等是否正常，一切正常后，方可正式起吊。

要点 7：巡视走道吊装就位。吊装时，专人指挥，信号明确，两吊车同步起钩。到达就位位置后，按照图纸位置就位，牛腿与预埋件按照设计要求焊接完成后，方可摘钩。

【适用范围】

本经验适用于所有换流站工程的阀厅巡视走道施工。

【小结】

某工程巡视走道通过采取地面拼装、分段吊装的方式实施，减少了高处作业，提高了施工效率，有效缩短了总工期。双极低端巡视走道从拼装到吊装完成共用时 20 天，高端巡视走道从拼装到吊装完成共用时 15 天，与传统散吊相比，整体工期缩短 10～15 天。

在巡视走道拼装过程中，需要注意：在内层屏蔽框安装前，需对外层屏蔽框的工作进行检查验收，特别是螺栓紧固、油漆补刷等，以免内层屏蔽框安装完成后，无法对外层屏蔽框的缺陷进行处理。

经验 2　阀厅中天沟防水加强措施

【经验创新点】

某换流站柔性直流阀厅屋面造型不同于以往的单坡型式，根据规范要求，该站阀厅屋面采用双坡，并于屋顶设置了中天沟汇集雨水并集中排走。现场各单位专题研究确定了阀厅中天沟防水措施方案，采用了双层不锈钢天沟、中间断开的结构形式，纵向采用加劲肋、压条处采用凯德防水、天沟焊接采取防氧化焊接技术等。

【实施要点】

要点 1：该阀厅中天沟长 170m、宽 1.6m，为四道防水，即上、下两层不锈钢天沟自防水，并于每层天沟上附加双层的自粘型防水卷材。上、下两层天沟中部设置伸缩缝。

要点 2：每段不锈钢天沟长 1.5m、厚 4mm，焊接连接，为保证焊缝质量，引入了焊缝保护剂，用于根治焊缝氧化问题，焊接完成后，逐一进行着色检查，确保焊缝质量。

要点 3：在底天沟设置 4 根通长的 100mm×50mm 的不锈钢方钢，用于每段天沟的连接固定，消耗焊接应力并限制因热胀冷缩造成的焊缝拉裂。

要点 4：待每道不锈钢天沟和防水卷材施工完成后立即分别进行蓄水检查，确保每道天沟的自防水和卷材的外防水质量。

要点 5：因屋面顶层彩板延伸至天沟处进行了压条自攻钉固定，该处采用凯德防水，压条下部安装了丁基胶带，如图 2-2-1 所示；压条固定后，在压条上方通长涂一层凯德防水贝斯基层涂料，涂刷宽度 20cm（涂料两侧距压条中心 10cm），如图 2-2-2 所示；在贝斯基层涂料仍湿润时，把 20cm 宽的缝织聚酯布嵌入其中；再从上面涂刷贝斯基层涂料，充分浸润缝织聚酯布；待基层涂料全干之后，涂刷凯德防水托普表层涂料，涂刷宽度 20cm，如图 2-2-3 所示。

【适用范围】

本经验适用于变电站、换流站等屋面天沟施工。

【小结】

阀厅屋面天沟应尽量布置在建筑挑檐外，避免设置中天沟，屋面压型钢板应禁止任何打孔。如实在无法避免，则需要优化天沟防水措施，保证施工质量。屋面方案若设计有螺钉钻孔需求，应采取带防水功能的自攻螺钉，在屋面板凸起处钻孔，且应在清单中开列一定数量的防水工程量。

图 2-2-1 丁基胶带施工　　　图 2-2-2 防水涂料及聚酯布施工　　　图 2-2-3 处理完后效果

经验 3 柔性直流阀厅结构设计经验

【经验创新点】

柔性直流背靠背阀厅通常包含两个单元柔性直流背靠背阀厅。每个阀厅内整流侧、逆变侧换流阀均为支持式布置方案，屋盖处仅承受部分悬吊绝缘子及暖通通风风管的荷载，如图 2-3-1 所示。某换流站阀厅采用带支撑体系钢排架＋钢网架方案。钢柱采用实腹式 H 形钢，较一般格构式钢柱节省用地，建筑面积指标优，如图 2-3-2 所示。钢网架采用三层正放四角锥形网架，网架是由多根杆件按照一定的网格形式通过节点连接而成的空间结构，具有空间受力、质量轻、刚度强、抗震性能好等优点，结构安全可靠；网架节点采用螺栓球，方便现场钢网架拼装，可大大缩短安装工期。本设计方案钢结构用量指标优化，大大降低了工程造价。

图 2-3-1 柔直阀厅结构　　　　　　图 2-3-2 柔性直流阀厅钢柱图

【实施要点】

要点 1：网架支座与网架杆件存在夹角，且相对位置为空间关系，极易发生碰撞问题，同时根据调研目前尚未有针对网架结构的三维加工放样软件，此处加工前，设计方与加工厂应提前采用三维软件，针对此处进行空间放样，避免碰撞。

要点2：由于存在网架变形、加工误差等影响，网架下弦悬挂单轨道，轨道梁拼接处及网架节点连接处实际位置与图纸加工放样的位置会发生变化，导致安装困难，设计时轨道应设置椭圆安装孔，同时轨道梁拼接处应采用设置夹板现场焊接拼接，便于现场安装。

【适用范围】

本经验适用于柔性直流换流站工程阀厅结构设计。

【小结】

通过综合分析柔性直流阀厅电气设备布置方案的特点及结构受力特性，柔性直流阀厅结构采用带支撑体系钢排架＋钢网架方案，有利于解决柔性直流阀厅空间大问题，减少整体质量降低荷载，结构安全可靠，经济性强。

经验4 阀厅钢柱及柱间支撑及屋顶网架防火涂料喷涂优化

【经验创新点】

高、低端阀厅作为换流站中最关键的建筑物，现有的工程设计均采用钢结构。阀厅钢柱、柱间支撑为厚型水性防火涂料，剩余部分为薄型水性防火涂料。钢柱、柱间支撑及屋顶网架防火涂料施工工艺均为喷涂施工，干燥后有脱尘现象，阀厅内地面安装均为电器等精密设备，对室内环境要求较高。为了解决防火涂料表面脱尘现象，对防火涂料表面工艺进行优化。

【实施要点】

阀厅钢柱及柱间支撑的厚型防火涂料表面增加一层超薄型防火涂料，从而解决防火涂料表面脱尘现象，为阀厅设备安装调试创造了条件。

要点1：厚涂型钢结构防火涂料涂装工艺。

（1）基层处理：彻底清除钢构件表面的灰尘、浮锈、油污。

（2）对钢构件碰损或漏刷部位应补刷防锈漆两遍，经检查验收方准许喷涂。

（3）喷涂前将操作场地清理干净，靠近门、窗、隔断墙等部位，用塑料布加以保护。

（4）固定钢丝网：按构件形状剪好钢丝网，用ϕ6mm钢筋固定在钢构件上，钢丝网与钢构件间留有5～10mm间隙。

（5）喷涂应分若干层完成，第一层喷涂以基本盖住钢材表面即可，以后每层喷涂厚度为5～10mm，一般为7mm左右为宜。在每层涂层基本干燥或固化后，方可继续喷涂下一层涂料，通常每天喷涂一层。喷涂时，喷枪要垂直于被喷涂钢构件表面，喷距为6～10mm，喷涂气压保持在0.4～0.6MPa。喷枪运行速度要保持稳定，不能在同一位置久留，避免造成涂料堆积流淌。喷涂过程中，配料及往喷涂机内加料均要连续进行，不得停顿。

（6）施工过程中，操作者应采用测厚针检测涂层厚度，直到符合设计规定的厚度，方可停止喷涂。

（7）喷涂后，对于明显凹凸不平处，采用抹灰刀等工具进行剔除和补涂处理，以确保涂层表面均匀。

要点 2：薄涂型钢结构防火涂料涂装工艺。

（1）薄涂型钢结构防火涂料的底涂层（或主涂层）宜采用重力式喷枪喷涂，一般为 2～6 道，每道厚度不超过 0.4mm，喷涂压力宜为 0.4～0.6MPa。必须在前一道干燥后再进行下一道的涂装，一般 4h 后即可喷涂下一道。局部修补和小面积施工，可用手工抹涂。面层装饰涂料可刚涂、喷涂或滚涂。

（2）双组分装的涂料，应按说明书规定在现场调配；单组分装的涂料也应充分搅拌。喷涂后，不应发生流淌和下坠。

【适用范围】

本经验适用于换流站工程阀厅钢结构施工。

【小结】

优化阀厅钢柱及柱间支撑、屋顶网架的防火涂料喷涂，保证施工质量。

经验 5　压型金属板屋面防渗漏技术

【经验创新点】

压型金属板结构作为一种新型的建筑形式，在换流（变电）站的建筑物里运用率逐步提升，电气设备间对密闭性能要求十分严格，因此压型金属板屋面、墙面的防水、防尘尤为重要。某换流站的压型金属板施工，通过反复的技术论证和现场试验，采用了高分子丁基防水胶带和道康宁 SJ168 耐候硅酮密封胶相结合的新型建筑防水材料，具有防水性能好、不易老化、耐高低温、密封性能高、操作简便等特点。

【实施要点】

要点 1：首先必须将基面进行洁净处理。

要点 2：按照屋脊包边、柱部位等长度裁剪防水胶带，将防水胶带粘贴、压实平整，胶带表面无损伤，粘贴平整。

要点 3：打胶表面平直顺滑，确保整体防渗漏密闭性能良好。

【适用范围】

本经验适用于气候条件差、昼夜温差大的换流站工程施工。耐候硅酮密封胶主要使用在屋脊中部立柱及山墙包边等部位。高分子丁基防水胶带主要使用在屋脊彩钢瓦、山墙地线柱等部位。

【小结】

根据换流站所建地理位置的气候条件，采用抗老化、耐高低温、操作简单、防沙及防水的新材料，有效实现屋面瓦、地线柱等部位防沙、防水密闭性能，增强建筑物的密闭性能和使用寿命。

经验 6 柔性直流阀厅室内沟道盖板结构优化经验

【经验创新点】

常规变电（换流）站建筑物室内电缆沟盖板一般采用混凝土盖板，但本工程阀厅室内有阀厅检修车辆运行的需求，且室内电缆沟沟宽较大，通过计算，若仍采用混凝土盖板，盖板厚度大，经济性差且后期盖板启闭较为困难。

通过总结其他相关工程经验，考虑室内采用钢盖板，在满足受力和变形要求的前提下，钢盖板较之混凝土盖板更轻，便于后期运维检修启闭，同时经济性也较好。

【实施要点】

钢盖板选用自图集当中与上部荷载匹配的规格，盖板下部设置加劲肋，保证盖板的刚度。

【适用范围】

本经验适用于换流站、变电站室内沟道盖板结构的设计与优化。

【小结】

对阀厅室内沟道盖板结构优化设计，减少工程量、节约造价、节约工期。

第三章　轨道广场及防火墙

经验 1　换流变压器防火墙带附加层组合钢模系统工艺改进

【经验创新点】

某换流站防火墙施工，自主研发出一套通过在组合钢模中标准层间增加附加层的钢模板系统，代替传统组合钢模设置内凹槽的定位方式，避免结构在凹槽处出现钢筋保护层减少的结构缺陷，提升了混凝土结构快速连续分层浇筑的质量，总体效果图见图 3-1-1 和图 3-1-2。

图 3-1-1　防火墙总体效果图（一）　　　　　　　图 3-1-2　防火墙总体效果图（二）

【实施要点】

要点 1：根据施工图纸对防火墙进行施工段布置，见图 3-1-3。

要点 2：换流站防火墙附加层组合钢模系统由 1 套标准层模具和 1 套附加层模具组成，见图 3-1-4。标准层与附加层水平拼接，保证混凝土薄壁结构截面尺寸统一，钢筋保护层厚度满足设计、规范要求。

要点 3：模板受混凝土侧向压力，由标准层模板通过连接螺栓传递至附加层模板，再由附加层模板传递至对拉螺杆；模板自身质量由下层附加层处对拉螺杆直接传递至下层结构上，钢模系统理想状态下不需要加设水平和竖向的外部支撑。

要点 4：钢模系统各标准层、附加层通过连接螺栓连接为整体，系统刚度满足施工需求。模板对拉螺杆均设置在附加层处，便于拆模后墙面处理。

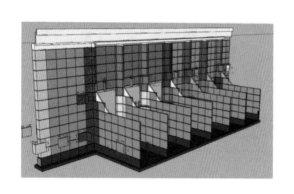

图 3-1-3　防火墙施工段布置

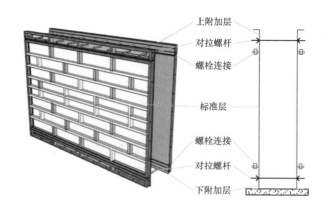

图 3-1-4　防火墙附加层组合钢模系统

图 3-1-5　模板拼缝处实景图

要点 5：按照下附加层、标准层、上附加层安装第一层模板，并浇筑混凝土。待第一层浇筑混凝土强度不低于设计强度 75% 时，进行下附加层和标准层的向上翻模，形成第二层浇筑模板。重复以上步骤实现模板快速翻模和混凝土浇筑。

要点 6：模板拼缝处设置"凹槽式止水胶条"，保证拼缝处"零漏浆"，见图 3-1-5。

【适用范围】

本经验适用于换流站工程的换流变压器防火墙、主变压器防火墙、高压电抗器防火墙、事故油池等截面混凝土结构施工。

【小结】

附加层钢模有效保证了防火墙薄壁结构在模板拼缝处的混凝土保护层厚度，且在组合钢模中加入附加层后，其整体性更好、结构稳固、抗变形能力强，优化施工工序后，基本可以避免模板接缝处出现质量问题，混凝土表观质量更好。

经验 2　空冷棚优化设计的典型经验

【经验创新点】

阀冷防冻棚户外巡视走道方案中，由于需要拆卸部分的屋面走道后才能进行卷帘盒的拆卸和电机的维护保养，维护保养不便。经过设计优化，阀冷防冻棚采用设置户内检修走道，该方案优点为屋面卷帘电机后期维修保养便利，在室内拆卸屋面卷帘盒后便能直接对电机进行维修保养。

【实施要点】

要点 1：阀冷防冻棚的设计理念应满足墙面、屋面的维护结构进行可开启设计，并解决保温、散热、检修、防风掀起、自重变形、防水等构造措施。空冷器保温室的平面尺寸根据空冷器的巡视走道外围尺寸及闭式塔冷却塔尺寸确定，结构型式为全钢结构，除开启的电动钢质卷帘门外，维护墙体应采用与全站钢结构建筑相同的外墙构造做法。

要点 2：户内检修走道采用材料均为 Q235B，花纹钢盖板采用断续焊缝，所有尺寸均应现场放样后再下料加工。

【适用范围】

本经验适用于站内空冷棚的设计。

【小结】

通过采用户内检修走道，阀冷防冻棚在室内拆卸屋面卷帘盒后便能直接对电机进行维修保养，后期维修保养便利，设计施工简单易行，阀冷防冻棚外立面简明大方，对于阀冷防冻棚设计具有重要借鉴和指导意义。

经验 3　阀冷系统防冻设计的典型经验

【经验创新点】

采用根据冷却介质进阀温度调节进入阀空气冷却器的冷却介质流量，阀冷系统设备、管道伴热，水工设备间采暖，埋地水工构筑物、管道保温、加大埋深等防冻技术，实践证明，具有如下特点：冷却介质进阀温度在两种限值温度之间时，电动三通阀开度随温度变化趋势进行调节，保持阀冷却系统的吸热散热平衡。结合内外冷自动控制功能，合理、方便、安全地实现防冻保护。外冷电加热器设置于空气冷却器的进水主管道，可提高其进空气冷却器水温。内冷电加热器设置于主泵进水主管道上，用于提高冷却介质进阀温度。室外消防水管道设计时具有水循环功能，在水温较低时通过控制阀门的开启和关闭，使消防水在室外消防水管道和消防水池间循环流动。

【实施要点】

要点 1：根据冷却介质进阀温度测量值及其变化趋势调节电动三通阀开度，调节进入阀空气冷却器的冷却介质流量。换流阀退出运行、内冷系统保持运行时，电加热器工作（电加热器功率相当于空气冷却器在最低环境温度下自冷散热功率），利用内冷却水输出热量对空冷器进行保温，结合内外冷自动控制功能，合理、方便、安全地实现防冻保护。设置空冷器防冻棚，防冻棚内设置电暖风机加热设备。在换流阀退出运行、内冷系统也退出运行且环境温度很低的极端情况下，关闭空冷器防冻棚卷帘门，启动电暖风机加热设备，以确保防冻棚内温度处于零上，避免空冷器被冻坏。本工程阀外冷还设有快速泄空阀和排气阀，在极端情况下也可排空空冷器内的冷却介质，避免冻结。

要点 2：每套阀冷却系统分别设有内冷和外冷电加热器。外冷电加热器设置于空气冷却器的进水主管道，可提高其进空气冷却器水温。内冷电加热器设置于主泵进水主管道上，用于提高冷却介质进阀温度。阀冷设备间至防冻棚间的内冷水进出水管道增设保温电伴热，通过温控器自动控制电伴热的启停，保护管道内的冷却水不致冻结。

要点3：室外消防水管道设计时具有水循环功能，在水温较低时通过控制阀门的开启和关闭，使消防水在室外消防水管道和消防水池间循环流动。工业补给水管、降温冲洗管道等冬季不使用的管道通过阀门井或放空井内的放空阀将其放空，防止其冻裂。室外消火栓采用地下式，消火栓井和阀门井外壁均采用60mm厚苯板包裹，阀门井采用保温井口及木质保温盖板，井盖之间填充保温材料。综合水池完全埋设在地下，并保证其上有不小于1m的覆土；在水池外壁粘贴苯板作为保温材料；采用双层保温人孔，人孔内填充保温材料；冬季可将工业用水排出，仅保留消防用水，液位在冰冻线以下。

【适用范围】

本经验适用于水系统防冻设计。

【小结】

采用保温、加大埋深、伴热、采暖等防冻技术，提高了给水系统的安全可靠性，设计施工简单易行，对于水系统防冻设计具有重要借鉴和指导意义。

经验4　消防炮改扩建工程广场布置方案

【经验创新点】

在启动区场地和交流场地分别设置4台消防炮，实现从换流变压器的正面和背面两个方向同时向换流变压器喷射泡沫，可保证泡沫对换流变压器实现全面覆盖。

【实施要点】

要点1：在消防炮附近设置泡沫消防栓，作为辅助灭火装置。

要点2：消防炮管道的低点设置放空阀，可在寒冷季节和试验结束时放空管道，避免管道冻伤和腐蚀。

【适用范围】

本经验适用于±500kV换流站工程换流变消防炮案设计优化。

【小结】

对换流变消防炮优化设计，减少工程量、节约造价、节约工期。

第四章　GIS室及继电器室

经验1　提高GIS设备基础预埋件精度

【经验创新点】

通过施工过程中的跟踪检查，混凝土施工过程中严格控制施工程序，消除了因混凝土浇筑过程中振捣不当而引起的预埋件轴线、标高偏差问题，此对策有效。通过严格执行材料进场验收制度，消除了因预埋件尺寸偏差、表面平整度偏差而引起的预埋件轴线、标高偏差问题，此对策有效，总体效果见图4-1-1和图4-1-2。

图4-1-1　总体效果（一）

图4-1-2　总体效果（二）

【实施要点】

要点1：为保证GIS基础顶面预埋件预埋精度，采用专用预埋件固定架支撑（见图4-1-3），并结合精确定位顶丝微调技术对预埋件进行二次微调，确保预埋件安装精度满足设计要求，即用∠50mm×5mm角钢焊接成为框架，框架尺寸一般大于预埋件尺寸10~20mm。框架顶面标在同一个平面上，高度低于3~5mm。初步复核其位置的准确性，把预埋件安装在固定架上，最后用水准仪测出预埋件标高。在预埋件四周制作一个螺栓微调装置，预埋件安装时二次精调，满足设计要求标高时，螺栓与固定架固定焊死。

要点2：GIS基础侧面沉降观测点预埋件采用可拆卸螺杆连接方式制作螺栓微调装置（见图4-1-4），即在每块预埋件四角都钻一个ϕ10mm套丝孔，装模时，在模板对应位置钻孔，然后穿入M6螺杆长40mm，螺母与预埋件焊死，保证螺杆从模板外面能拧上，螺栓丝头不超过螺母平面，以便螺杆在拆除模板后能及时卸除，螺栓可以再次使用。

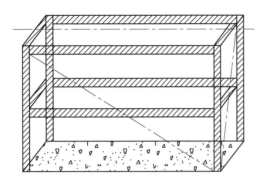
图 4-1-3　采用专用预埋件固定架支撑

图 4-1-4　螺栓微调装置

要点 3：在钢筋、模板及接地施工完成后，由专人通过螺栓调节预埋件轴线及标高，误差≤2mm，见图 4-1-5。调节完成后，由专业测量员进行复测，监理验收。

要点 4：因预埋件和混凝土材质不同，夏季、冬季热胀冷缩也都不同，设备投用后延预埋件一周容易产生裂纹，故混凝土浇筑前，预埋件一周贴 5mm 左右橡胶条，见图 4-1-6。

图 4-1-5　由专人通过螺栓调节预埋件轴线及标高

图 4-1-6　预埋件一周贴橡胶条

【适用范围】

本经验适用于换流（变电）站工程的设备基础预埋件施工。

【小结】

采用固定支架微调技术，提高了预埋件安装精度。

经验 2　GIS 室百叶窗设计方案优化

【经验创新点】

优化某换流站工程 500kV GIS 室进风百叶窗：室外采用防雨百叶窗，与外墙有效结合，既美观又防雨；室内采用铝合金可开启侧壁格栅式风口内带不锈钢防尘/防虫网，具有过滤功能。与以往工程将铝板网固定于百叶窗与过滤器中间的形式相比，该做法不仅美观，更方便了日后维护开启风口清洗不锈钢防尘/防虫网。

【实施要点】

要点1：室外采用与压型钢板同颜色的防雨百叶窗，设在0.4m土建墙裙上，既防水又与土建外墙完美结合，增强美观。

要点2：室内采用铝合金可开启侧壁格栅式风口内带不锈钢防尘/防虫网，具有过滤功能，阻碍飞虫及小动物进入，方便检修开启室内百叶窗，清洗不锈钢防尘/防虫网，保护室内良好的环境。

【适用范围】

本经验适用于站内单体建筑物和对环境卫生要求不是很高的房间，以通风为主，排除室内热、湿量及有害气体。

【小结】

与以往工程将铝板网固定于百叶窗与过滤器中间的形式相比，该做法不仅美观，还方便了日后维护开启风口，清洗不锈钢防尘/防虫网。

经验3　玻璃纤维增强混凝土（GRC）构件在建筑物中的应用

【经验创新点】

综合楼、检修备品库、警卫室、泡沫消防间女儿墙外侧使用GRC预制构件进行安装，避免了传统现浇混凝土构件的工期长、工序复杂、造价高等缺点。

【实施要点】

要点1：设计应提前在拟安装GRC构件的区域设置预埋件，预埋件位置、承载能力应满足构件的安装需求。

要点2：GRC的选型应提前确认样品，确保构件的质量。

要点3：GRC安装后拼缝处应选用专用的勾缝材料填充，确保耐久性。

【适用范围】

本经验适用于有仿古挑檐的建筑物设计及施工。

【小结】

采用GRC预制构件具有质量轻、强度高、工期短、维护方便、易更换、防火、防水、抗污、不变形、超耐久等优点，可提升施工观感质量。

第五章　全站场地及围墙道路

经验 1　预制广场砖铺设施工工艺

【经验创新点】

广场砖面层与基层的结合牢固、无空鼓。面层表面洁净，无裂纹、脱皮、麻面和起砂等现象。表面平整度高，砖缝顺直、均匀，排版合理，无小半砖现象且灌缝饱满。

【实施要点】

要点 1：在铺贴前首先在地面上试铺，根据铺贴形式确定排砖方式，砖面如有花纹或方向性图案，应将产品按图示方向铺贴，以求最佳效果；将色号、尺码不同的广场砖区分好类别，加以标号标明，在使用完同一色号或尺码后，才可使用邻近的色号与尺码。预铺时，在处理好的地面拉两根相互垂直的线，并用水平尺校水平。

要点 2：铺贴应在基底凝实后进行，在铺贴过程中应用手轻轻推放，使砖底与铺贴面平衡，便于排出气泡，然后用木质锤轻敲砖面，让砖底能全面吃浆，以免产生空鼓现象；再用木质锤把砖面敲至平整，同时用水平尺测量，确保广场砖铺贴水平。边铺贴，边用水泥砂浆勾缝，也可根据需求加入彩色添加剂勾缝。一般间缝宽度 5～12mm，深度 2mm，坚实的基层和饱满的勾缝能让广场砖更经久耐用，避免使用过程中脱落及破裂。

要点 3：铺贴 12h 后，应敲击砖面进行检查，若听到"空空"的声音，说明有空鼓，应重新铺贴。

要点 4：用粉砂对广场砖进行灌缝，灌缝应饱满、密实，保证砖缝顺直、均匀。排版合理，无小半砖现象。

【适用范围】

本经验适用于广场砖铺设施工任务。

【小结】

广场砖铺设要求极其严格，对其技术质量极为苛刻，尤其是在创优过程中更是要做到"精、细、美"，不管是从整体布局还是观感质量都能体现工艺水平，从放线到铺贴再到灌缝形成强度，中间每一步都具有其独特施工步骤，不能有任何技术质量漏洞。所以要求技术人员有过硬的施工技能和工作经验整体布局、科学规划、统一安排，确保施工任务顺利进行。

经验2 500kV交流场出线构架取消端撑柱优化布置

【经验创新点】

柔性直流电网工程换流站中，设备布置紧凑，500kV交流出线构架一般采用带端撑柱的人字柱结构。工程500kV出线构架结构进行优化布置和受力计算，采用取消端撑柱的结构型式，在构架之间增加剪刀撑。

【实施要点】

取消两侧端撑柱，在构架中间两榀人字柱之间增加格构式剪刀撑，可以取代端撑柱传递沿构架方向纵向力，结构受力明确、节省占地，实施效果如图5-2-1所示。

图5-2-1 某换流站500kV出线构架

【适用范围】

本经验适用于变电（换流）站工程交流场出线构架设计优化。

【小结】

对500kV交流场出线构架取消端撑柱，减少工程量、节约造价、节约工期。

经验3 换流（变电）站围墙应用装配式施工技术

【经验创新点】

某换流站创新使用装配式围墙技术，围墙构件现场拼装、易安装、易操作、功效快、施工周期短、对工人专业技术要求低，所有构件均使用进口清水混凝土专用保护液保护，颜色一致，不腐蚀、不老化、不开裂，良好的耐候性和各构件之间的非钢性连接方式有效减少了后期的维护，确保了围墙施工质量和观感质量，如图 5-3-1 和图 5-3-2 所示。

图 5-3-1　装配式围墙总体效果（一）

图 5-3-2　装配式围墙总体效果（二）

【实施要点】

要点 1：装配式围墙采用的是现浇抗风柱，柱顶预留配筋，抗风柱上预留卡槽，如图 5-3-3 所示。

要点 2：墙板的吊环固定放置于墙板内侧的顶部，用 2cm 厚的泡沫板前后包裹吊环。预制墙板时预留凹槽把吊环置于墙板内的凹槽处，保证吊装后上下板严丝合缝。

要点 3：墙板安装完成后进行墙板保护液涂刷随后进行嵌缝打胶处理，实施效果如图 5-3-4 所示。

图 5-3-3　框架柱预留凹槽

图 5-3-4　装配式围墙实施效果

【适用范围】

本经验适用于换流（变电）站工程的装配式围墙施工。

【小结】

装配式围墙施工大幅减少施工时间，降低施工成本，基本无后期维护费用，可节省后续创优整改投入；出现基础沉降不均匀时，墙体不会出现裂缝，对基础要求不高，从根本上解决了基础沉降引起的裂缝问题。

经验4 换流（变电）站小型独立露土基础预制装配式应用技术

【经验创新点】

以往换流（变电）站工程小型独立露土基础大多采用现浇结构形式，具有施工程序繁杂、混凝土不易振捣密实、观感质量差等缺点。某换流站创新采用小型独立露土基础预制装配式设计和施工，杜绝了以上缺点，确保了小型独立露土基础的实体质量和观感质量。

工程设计中植入了装配式设计理念，缩短施工周期、减少维护量，保证施工质量，提高施工效率。

例如，某换流站场地照明灯杆基础采用小型预制基础，有效保证基础成品质量，做到外观工艺良好、色泽美观。小型预制基础采用工厂化定制加工，现场安装工艺简单，极大地提升了小型基础施工效率，实施效果见图5-4-1。

图5-4-1 灯杆预制式基础实施效果

【实施要点】

要点1：根据设计图纸要求，利用建筑信息模型技术建立3D模型，并向预制厂家交底，见图5-4-2。

要点2：预制工厂根据图纸和模型进行模具设计开模，图5-4-3中是使用玻璃钢模具批量加工，使用振动平台进行振捣保证混凝土密实。

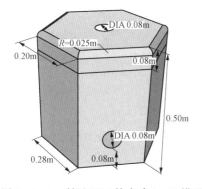

图5-4-2 利用BIM技术建立3D模型

图5-4-3 使用玻璃钢模具批量加工

要点3：工厂对成品构件进行养护，待强度满足运输要求后分批进场。

要点4：现场根据灯杆尺寸进行开孔、安装，见图5-4-4和图5-4-5。

图 5-4-4 根据灯杆尺寸进行安装

图 5-4-5 安装完成效果图

【适用范围】

本经验适用于换流站灯杆基础、雨水井、端子箱基础、散水、操作小道等部位。

【小结】

小型预制基础具有美观大方、色泽统一、安装方便等优点。工厂化加工，成品受施工人员技术水平影响小。安装方便，有效节约工期。

第六章 电 缆 沟

经验 1 高、低压电缆沟垂直跨越典型设计

【经验创新点】

本经验创新提出并采用了高压电缆分沟敷设方式，在 10kV 电缆沟与低压电缆沟跨越处，位于下部的 10kV 电缆沟均采用埋管形式下穿低压电缆沟，如图 6-1-1 所示。此种电缆沟跨越形式解决了电缆分沟敷设在交叉处的跨越问题；节点适应任意沟道尺寸；节点设计充分考虑施工及运维阶段工作难度及舒适度，提高了电缆敷设及运维检修效率。

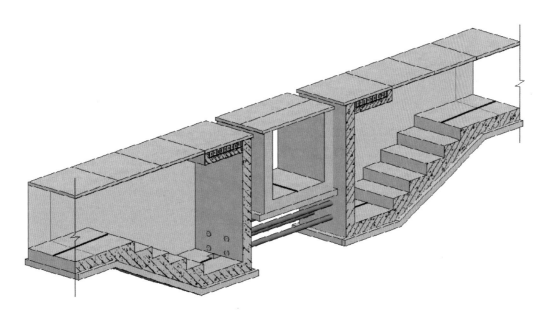

图 6-1-1 高、低压电缆沟跨越节点效果图

【实施要点】

高、低压电缆沟跨越交叉跨越节点，由包括一段被穿越电缆沟、两段加深穿越电缆沟及沟间电缆埋管组成，还包括过水槽、踏步、变形缝、垫层、雨水箅子、沟底排水槽、集水坑等组成部件。

要点 1：考虑到后期电缆敷设工作量及难度，选择电缆量较大的低压控制电缆沟作为被穿越电缆沟，选择电缆量较小的高压动力电缆沟作为加深跨越电缆沟。根据实际电缆敷设需求确定各电缆沟尺寸。加深跨越电缆沟布置于被穿越电缆沟侧的深度，应满足高压电缆敷设所需净高及被穿越电缆沟下电缆埋管所需净高双重需求。

要点 2：加深跨越电缆沟采用现浇混凝土垫层，厚度为 100mm，每边大于底板尺寸 100mm。垫层浇筑完成后，浇筑加深跨越电缆沟底板，同步浇筑沟底踏步，浇筑加深跨越电缆沟底板在通过踏步逐渐减小截面高度至所需净高后的适当位置留设变形缝。

要点 3：踏步可为加深跨越电缆沟提供净深过渡，利用高压电缆转弯半径所需要的垂直空间，实现沟内电缆转弯半径要求。为方便电缆敷设，增加运维检修行走舒适度，踏步单阶尺寸为300mm 宽、150mm 高，延伸至沟底。

要点 4：加深跨越电缆沟底设置水泥砂浆沟底排水槽，在沟底最深处设置集水坑并外引排水管至就近雨水检查井，以防止电缆沟积水。

要点 5：加深跨越电缆沟沟壁施工时，在适当高度设置沟间电缆埋管，浇筑加深跨越电缆沟沟壁在通过踏步逐渐减小截面高度至所需净高后的适当位置留设变形缝，并与底板伸缩缝位置协调一致。

要点 6：电缆埋管敷设于被穿越电缆沟底部，且自身不应有转弯。在加深跨越电缆沟两侧与内壁平齐，切口应采取措施加以保护，防止敷设过程中划破电缆。电缆埋管中间不得有焊接口，内侧应光滑，无毛刺及其他尖锐异物，以防损伤电缆。电缆埋管可采用镀锌钢管，对于工艺要求采用单芯电缆的工程，电缆埋管采用防磁不锈钢管。

要点 7：电缆埋管敷设及加深跨越电缆沟沟壁施工完成后，进行被穿越电缆沟施工。被穿越电缆沟含沟道底板、侧壁、沟底排水槽、普通盖板及垫层，均为常规电缆沟道形式。

要点 8：加深跨越电缆沟邻近被穿越电缆沟的第一块盖板下设置过水槽，有效防止各电缆沟在平面交叉处场地局部积水。过水槽底板标高与场地标高相适应，过水槽两侧固定雨水箅子，以防场地内碎石等颗粒积聚在过水槽内导致过水功能失效。

要点 9：被穿越电缆沟、加深跨越电缆沟及过水槽施工完成后，即可进行电缆支架安装及电缆敷设等后续工艺流程。

【适用范围】

本经验适用于特高压变电站、换流站的电缆沟设计。

【小结】

高、低压电缆沟跨越交叉跨越节点结构简单、清晰，在实现高、低压电缆分沟敷设的需求的前提下，解决了高、低压电缆分沟敷设在交叉处的跨越问题，适应最新设计需求，提高电网系统的稳定性和供电可靠性；高、低压电缆沟跨越交叉跨越节点解决了高、低压电缆分沟敷设在交叉处的跨越问题，可适应任意沟道尺寸，在特高压交、直流工程电缆沟布置及节点设计方面具有推广价值；节点设计充分考虑施工及运维阶段工作难度及舒适度，且无需特殊施工工艺，提高了电缆敷设效率及运维检修效率。

经验 2　电缆沟沟底砂浆找平层机械化施工技术应用

【经验创新点】

电缆沟防污染移动装置为自主设计与加工，设计思路为避免电缆沟沟底找平过程中砂浆下料对沟壁的二次污染，提升施工工艺和质量。在沟底找平过程中，创新研发并利用移动装置带动料斗的滑轮机械，从而使得砂浆通过料斗下料，降低了砂浆下落高度，提升了找平层施工质量，避免了砂浆下料过程中对电缆沟沟壁的污染。

【实施要点】

要点 1：支撑架系统调节就位，如图 6-2-1 所示。

要点 2：紧固滑轮组，保证装置的稳定性，调整下料口位置，如图 6-2-2 所示。

要点 3：人工沟底找平，如图 6-2-3 所示，保持厚度和坡度。

【适用范围】

本经验适用于变电站、换流站电缆沟沟底找平防污染沟壁施工。

图 6-2-1　装置调节就位

图 6-2-2　紧固滑轮

图 6-2-3　人工沟底找平

【小结】

移动装置采用双重稳定滑轮设计，一组水平滑轮用于确保装置顺利移动，另一组侧向滑轮确保移动过程中装置不发生偏移，双重滑轮设计保证了下料口移动运输过程中的稳定与通畅。料斗的支撑架系统与滑轮的连接采用螺栓可调节式连接，充分考虑到不同电缆沟宽度的普遍适用性。料斗的下料口长度为 85cm，充分减少了混凝土的有效下落高度，有效防止沟壁污染。

经验3　预制钢筋混凝土电缆沟盖板施工工艺优化

【经验创新点】

根据工程特点和属地文化，设计成品钢筋混凝土盖板。电缆沟盖板设计图案（如图6-3-1所示）结合属地文化特征和气候特点，利于排水，四周角钢护边不宜破碎，采用清水混凝土工艺工厂预制蒸汽养护，保证色泽一致，无扭曲、变形，色泽均匀，盖板与电缆沟沟壁采用柔性连接，无振动，实施效果如图6-3-2所示。

图6-3-1　电缆沟盖板设计效果图

图6-3-2　电缆沟改变实景图

【实施要点】

要点1：工厂预制加工，清水混凝土工艺。

要点2：四周包镀锌角钢。

要点3：盖板与电缆沟间采用T型橡胶钉（氯丁橡胶），耐老化，减振良好。

要点4：盖板运输采用整体包装，避免盖板破损。

要点5：制作条形防滑图案。

要点6：防火墙处盖板设置标识。

【适用范围】

本经验适用于换流站工程电缆沟盖板制作。

【小结】

电缆沟盖板提前进行CAD排版策划，交叉处不出现异形盖板，盖板采用工厂预制生产，清水混凝土工艺，盖板质量稳定，公差小，平整，无扭曲、变形，色泽均匀；盖板表面制作条形防滑图案，盖板与电缆沟间采用T形橡胶钉（氯丁橡胶），耐老化，减振良好，盖板安装顺直、平稳，兼顾实用与美观要求，满足换流站工程电缆沟的施工工艺要求。

经验 4　10kV 电缆采用专沟敷设

【经验创新点】

某换流站工程为了避免 10kV 电缆火灾后对低压电缆的影响，10kV 电缆全程采用专门通道敷设。在户外设计单独的 10kV 电缆沟及 10kV 电缆专用埋管。

为了便于电缆敷设、预留电缆等，在电缆进入室内处及室内电缆大角度转弯处，设置多个电缆检查井。

【实施要点】

要点 1：由于增加了 10kV 及以上电缆通道占用了站址内空间，因此在初步设计阶段就要考虑其布置方案，在施工时注意勿与综合管道等碰撞。

要点 2：10kV 电缆沟穿越道路、低压沟、综合管沟时，可考虑埋管、下沉等措施。

要点 3：10kV 电缆进入室内处及室内电缆大角度转弯处，可设置电缆检查井，便于敷设电缆以及后期运维，还可在检查井内预留电缆作为后期备用。

【适用范围】

有 10kV 及以上电缆与低压电缆分沟需求的变电站、换流站均能适用。

【小结】

10kV 电缆专沟设计需要与综合管沟等的布置综合考虑，设计要便于施工以及后期运维。

经验 5　电缆沟抽屉式防火隔板的应用

【经验创新点】

使用带 L 形防火隔板的预制插槽式电缆支架，由钢板一次冲压成型，无需现场二次加工，安装简洁美观，防火性能优越，便于后期检修维护，实施效果如图 6-5-1 和图 6-5-2 所示。

图 6-5-1　L 形防火隔板实施效果（一）

图 6-5-2　L 形防火隔板实施效果（二）

【实施要点】

要点 1：所使用带导轨凹槽的电缆支架，在该电缆支架上的导轨凹槽中配置可自由移动或限位固定的 L 形抽屉式防火隔板。

要点 2：L 形抽屉式防火隔板的底部与电缆支架上的导轨凹槽接触部位衬有耐磨材料层。

要点 3：电缆支架为一体式模块化成品支架并可相互并排相接，电缆支架内开设有多个或一排布置的电缆绑扎孔。

【适用范围】

本经验适用于换流站工程的电缆沟防火施工。

【小结】

安装后整洁美观，无现场切割和焊接产生的毛糙与尖刺，既美观又不会损伤电缆外皮，有利于电缆安全运行，具有施工简单、运行检修方便、外形整洁美观等特点。

第七章 水工系统及建（构）筑物

经验 1 压缩空气泡沫灭火系统（CAFS）施工能力提升

【经验创新点】

CAFS 系统喷淋管道选用 304 不锈钢管，提升了管道热稳定性，增强管道耐火能力。CAFS 系统消防管道顺直，颜色一致，阀门及法兰高度一致，整体美观。消防系统标识正确，介质流向清晰。

【实施要点】

要点 1：CAFS 系统及换流变压器洞口封堵所使用材料、设备均有市场准入文件及出厂检验报告或者合格证。

要点 2：CAFS 系统安装宜按照 CAFS 主设备就位—干管安装—分区阀、选择阀、信号蝶阀、减压阀等阀门—立管及喷淋管安装—管道试压—水泵接合器安装—系统综合试压及冲洗—消防炮、喷淋头及其他附件安装—设备、阀门等调试—系统通水试喷的顺序进行施工，干管每根配管长度不宜超过 6m。

要点 3：CAFS 系统消防管道整体采用焊接连接，阀门、流量计等部位采用法兰连接。管道连接采用焊接连接，焊接前进行工艺试焊，经工艺评定后，按照编制的焊接作业指导书开展大面积施焊。施焊完毕，开展外观及无损检测，设计无要求时，按照不小于 10% 的比例开展抽样检验；法兰接口设置在易拆装位置，紧固法兰螺栓时，应先紧最不利点，然后依次对称紧固；消防管道安装完毕后，表面刷涂红色环氧富锌漆并标识水流方向，同时注意对周边成品的保护；管道穿防火墙处采用不燃材料进行封堵。

【适用范围】

本经验适用于换流站工程的 CAFS 系统消防管道施工。

【小结】

通过应用 BIM 技术，成功避免了管道碰撞造成的设计修改、返工等情况。通过实施管件批量加工、优化施工工序等措施，有效提高了 CAFS 系统消防管道施工质量及效率，管道成品外观工艺质量优良，管道耐压试验、系统调试试喷一次成功，CAFS 系统运行安全、可靠。

经验 2　阀冷主循环水泵减振设计

【经验创新点】

在不改变循环水泵原有布置方案的情况下，在原有循环水泵支座底部增设一道钢板，钢板与原循环水泵底座焊接，金属阻尼弹簧隔振器顶板与循环水泵底部钢板，以及金属阻尼弹簧隔振器底板与楼面预埋铁之间采用摩擦系数大于1.0的高阻尼自粘防滑垫片连接，无需现场焊接，方便现场安装及设备调试。经测试，采用本减振方案后的换流阀主循环水泵的振动速度及位移均满足阀冷厂家的限值要求（振速≤2.8mm/s，位移≤80μm），减振效率达96%以上，降低了循环水泵长时间运行时的偏心率，确保循环水泵长时间可靠运行，同时提高了主控室内运行人员的舒适度。

【实施要点】

要点1：循环水泵支座底部增设的钢板设计时应考虑到运输及安装的需求，将该处钢板设计为可由现场焊接或螺栓拼接，具体分块尺寸根据减振装置厂家及现场的安装需求调整。

要点2：设置的减振装置阻尼参数应由设计单位和减振装置供应单位共同计算确定。

【适用范围】

本经验适用于换流站工程阀冷主循环水泵安装在楼板结构上时的减振设计，亦可供其他有振动控制需求的设备参考。

【小结】

采用水冷方案的换流阀冷却需水量巨大，其阀冷主循环水泵的功率及引起的振动也远远大于一般水泵。工程设计时，由于考虑到占地面积等因素，阀冷设备间一般均布置在主、辅控制楼内。主泵原则上应单独设置落地式设备基础，不应设置在建筑楼板结构上，如无法避免应采取减振设计方案，可减轻运行时设备振动。

经验 3　装配式树脂排水沟有效应用

【经验创新点】

在南方多雨地区，地基基础阶段在基坑周围设置装配式树脂排水沟，每个基坑设置集水井，集水井与站内降尘、养护用水循环结合。

【实施要点】

要点1：组装式树脂排水沟自重轻、安装方便、可重复周转使用、耐腐性好使用周期长；强度较高不易损坏。相比于以往基坑周围砖砌和混凝土排水沟，其大大加快了施工效率，降低了施工综合成本，有利于推进工程绿色节能建造。

要点2：排水沟与雨水收集井结合，雨水收集井收集平时的雨水进行二次利用于混凝土养护、设备清洗、防尘喷淋等，使得节水增效在现场的得以有效实施。

要点 3：主要建（构）筑物脚手架周边及大型基坑周边设置临时用组装式树脂排水沟，并在傍边设置雨水收集井，井内布置沉淀隔离墙，配备自动启泵装置，在下雨过程中超过警戒线能及时自动的将雨水排至附近雨水井，通过雨水管道排出站内。未超过警戒线水池内的水留作塔吊喷淋使用，现场降尘使用。

【适用范围】

本经验适用于换流站基坑有组织排水。

【小结】

运用化堵为疏的方案，解决了挡水坎易被雨水冲垮，或者积水漫过挡水坎，造成大量雨水倾泻至基坑内部的问题；使基坑外部雨水通过地坪放坡，汇集进入树脂排水沟内，并通过树脂排水沟流淌至砖砌雨水收集池，再由常备水泵抽至就近雨水管网或作为塔吊喷淋降尘降温使用。

经验 4　站前区排水设计优化方案

【经验创新点】

某换流站工程站前区广场采用单向找坡（向道路找坡），路边设置排水沟、雨水口，排水沟内铺设鹅卵石，雨水通过排水沟汇流至雨水口，保证了站前区广场整体的美观性，如图 7-4-1 所示。

雨水口与道路对侧雨水口相连接，站前区广场无雨水检查井；综合楼内生活污水向北侧及东侧排出，站前区亦无污水检查井。优化了雨水管道及排污管道的整体布置。

(a)

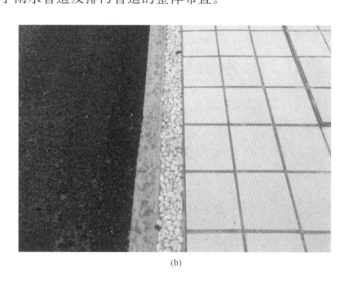
(b)

图 7-4-1　站前区广场效果

（a）雨水口；（b）排水沟内铺鹅卵石

【实施要点】

要点 1：在站前区广场南侧、西侧路边、东侧近围墙处设置雨水口，站前区场地向雨水口找坡，利于站前区雨水的及时排出。路边设置排水沟，沟内铺鹅卵石，雨水流入排水沟内再汇流至雨水口。

要点 2：站前区综合楼内值休室的生活污水一致排向综合楼北侧，公共洗手间及厨房生活污水排向东侧，即综合楼与站区围墙之间，站前区广场不设置污水检查井，保证了站前区整体的美观性。

要点 3：管道和电缆沟相交处，需按现场实际电缆沟深度相应降低管道标高。

要点 4：站前区广场检查井井盖采用角钢加混凝土包封，角钢包边，井盖顶面贴广场砖，与广场色调协调一致。

要点 5：站前区广场雨水口井盖采用角钢加混凝土包封，角钢包边，井盖顶面贴广场砖，与广场色调协调一致。

【适用范围】

本经验适用于换流站的站前区雨水排水及生活污水排水设计。

【小结】

该工程站前区排水布置合理、实用，在保证排水畅通的同时，减少了检查井的设置，井盖、雨水篦子与广场色调统一，使站前区布置的整体视觉效果显得整齐、简洁。

经验5　换流（变电）站排水系统预制井应用技术

【经验创新点】

某换流站通过开展预制检查井、雨水井研究，并在全站应用，提高了检查井、雨水井的一次施工质量和工艺质量，杜绝了砖砌检查井、雨水井的质量通病，缩短了给排水系统施工周期，达到延长检查井、雨水井使用寿命，降低给排水系统重复建设频率的目的，为后期检修、维护带来便利条件。

【实施要点】

要点 1：施工前，按照图纸进行深化后联系预制厂家采用定制钢模具进行预制井室、井管，待厂家预制完成达到安装强度后，运抵现场。

要点 2：将预制井表面涂刷防腐涂料并在井壁内侧安装上人爬梯，井室底座混凝土浇筑完成后，采用吊车将预制井吊到基座上，检查井与管道连接采用管顶平接，先将接缝处水泥管口外侧、雨水井井洞口混凝土凿毛，涂刷一层界面剂。预先在管道下部 120 度范围内座防水砂浆，内压钢丝网，在管道伸进井室时，挤压管道使防水砂浆与管道连接密实，以砂浆外溢为宜。然后将管道两侧和上部分别用微膨胀防水砂浆填满，插捣直至防水砂浆直至完全饱满最后采用 C20 细石混凝土抹出斜三角状带，宽度保持在 5～6cm。

要点 3：在井筒拼装完毕后，基坑分层进行回填，回填前在预制井筒上设置分层回填标识线，让回填厚度一目了然，便于现场进行很好的控制，保证回填土的施工质量。每层回填结束后，进行压实度检测，检测合格后再进行下一层回填，回填打夯过程严格控制施工质量。

【适用范围】

本经验适用于换流（变电）站工程的雨水检查井施工。

【小结】

预制混凝土检查井施工要保证施工质量，可以加快施工进度，节约大量人力、财力及物力。过程中井室与排水管、井室与井筒之间防渗措施施工至关重要，对预制雨水井施工工艺影响很大，同时要注意对称回填，确保上部井筒不发生位移。

第二篇 电 气 篇

第八章　换流变压器及 1000kV 变压器

经验 1　换流变压器低频加热

【经验创新点】

利用变压器低频加热装置辅助换流变热油循环，使冬季施工的换流变热油循环时变压器油温能够满足以及更快达到工艺要求，提升施工效率。

【实施要点】

利用短路电流在绕组电阻上发热，选择适当的一侧绕组（低压或中压）短路，另一侧绕组（高压）施加低频（0.01～1Hz）电压进行励磁，两侧绕组上的感应电流在各自的电阻上产生热量。采用低频加热，快速给换流变铁芯加热，从而使油温很快提高，加快了施工进度。

【适用范围】

本经验适用于换流变压器热油循环工艺施工。

【小结】

采用低频加热加快了换流变热油循环时油温上升的速度，提升了施工效率，有效地解决了冬季施工中换流变热油循环难以满足工艺要求的问题。

经验 2　换流变压器局部放电试验过程中验证末屏分压器变比

【经验创新点】

结合换流变压器局部放电试验，编制《换流变压器末屏分压器变比测量试验方案》，在换流变压器局部放电试验后，恢复末屏分压器的二次接线，在换流变阀侧套管施加三个不同的电压，测量二次电压，验证末屏分压器变比。

【实施要点】

要点 1：试验前应确认，完成与试验有关的安装调试工作，二次系统接线正确、回路完整，连接可靠。

要点 2：一次加压选取合适的电压值，不能超过运行电压。

要点3：检查确认末屏分压器相关二次电压回路完整，无短路现象；测量后做好记录。

【适用范围】

本经验适用于换流变阀侧套管末屏分压器变比的验证。

【小结】

换流变压器的阀侧套管末屏分压器采样分压电容的原理，在套管安装前、安装后，缺乏测试手段来验证它的变比，在换流变冲击及解锁时，往往造成阀侧电压测量不准的情况。

通过换流变局放过程中的分压器变比测试，能够验证末屏分压器变比的正确性，保证换流变压器的安全投运。

经验3 高建低运期间换流变压器的施工安全措施

【经验创新点】

换流站处于高建低运阶段，通过设置安全围栏、限制换流变安装位置及吊车占位、设置安全警示标语和提示等安全措施来保证高建低运期间高端换流变压器安装施工安全。

【实施要点】

要点1：设置低端隔离围栏及警示线，实施情况见图8-3-1。

要点2：根据换流变安装流程，规定换流变不同阶段的具体就位位置，现场实施效果见图8-3-2。

图8-3-1 设置低端隔离围栏及警示线

图8-3-2 换流变安装第一阶段就位位置

要点3：设置吊车站位安全警戒线，如图8-3-3所示。

要点4：设置吊车吊臂8.5m安全警示标志（如图8-3-4所示），并根据施工方案在吊车大臂20m和21m处粘贴警示标志（如图8-3-5所示）。

要点5：吊车内设置警示提示，具备限位功能。

【适用范围】

本经验适用于换流站工程换流变压器高建低运期间

图8-3-3 设置吊车站位安全警示线

高端换流变施工。

图 8-3-4 设置 8.5m 安全警示标志

图 8-3-5 吊车大臂 20、21m 处粘贴警示标志

【小结】

通过应用以上安全措施，极大程度保证了换流站在低端母线带电的条件下高端换流变的施工安全，工程进度、质量、安全均得到了有效保证，为同类型施工安全措施提供了借鉴经验。

经验 4 换流变压器牵引就位方法优化

【经验创新点】

换流变压器附件安装完毕后，传统方法是利用双卷扬机的牵引就位，本优化方案提出一种基于环链电动葫芦牵引的就位方法，有效精简了设备材料配置，优化牵引操作步骤，不仅将人员投入减少至原来的三分之二，牵引时间也缩短接近一半，全面提升了工作效率。可以为以后的换流站大型变压器的牵引就位方案策划提供借鉴。

利用电动葫芦替代卷扬机提供牵引力，绕线简单，连接方便，降低前期准备工作的复杂性。电动葫芦牵引过程中操作便利，调整方便，减少了人力与时间资源的投入，成本低。

【实施要点】

要点 1：牵引方案编制完善且审批手续齐全，牵引材料、设备准备到位，人员、培训交底到位。

要点 2：提前计算牵引距离，在葫芦上安装好足够距离的链条，将型号、长度一致的两台环链电动葫芦（10t）分别安装在换流变压器两侧的挂点与地锚点之间，固定牢靠，并将链条调整到同等长度。

要点 3：牵引过程中，设置两个环链电动葫芦为同一挡位，由一名操作员进行操作。启动后，保持匀速牵引，其速度不超过 1.5m/min。如牵引过程出现轨道小车与轨道偏差位置过大导致摩擦增大时，可以调整两电动葫芦差速以改变轨道小车中性线位置，避免咬轨。

要点 4：若环链电动葫芦最大链条长度小于牵引距离，则拉完链条后停止牵引，卸力后将链条葫芦的链条拉回，再重新调整完成剩余牵引距离。即将到达就位点时需降低牵引速度，确保不因换流变压器惯性导致就位偏差。

要点 5：牵引完毕后再次采用顶升法，通过 2 组（4 台）千斤顶（200t）交替顶升，每次顶升不超过 50mm，直至换流变就位到基础上。

【适用范围】

本经验适用于换流站工程的换流变压器就位。

【小结】

相较于传统卷扬机牵引就位法，利用环链电动葫芦的牵引就位方法对现场条件要求低，准备工序简单，操作高效便捷，不仅可以有效缩短施工时间，还能减少人力投入，显著提升换流变牵引效率。该方法可行性和推广性强，可为后续换流站工程换流变压器牵引就位方案策划实施提供参考。

经验 5　可变径管母线打孔工具研发与应用

【经验创新点】

可变径管母线打孔工具（如图 8-5-1 所示）主要用于新建、扩建换流站管母线安装，特别是大型新建换流站，管母线打孔数量众多的情况。通过两点一线的原理实现对换流站管母线打孔定位优化组织，提升了现场施工效率。

【实施要点】

管母线打孔施工的传统方法是使用线垂、眼瞄等进行定位控制，为解决控制过程中人力测控精度低、测量速度慢等问题。采用可变径管母线打孔工具可为施工现场节约安装管母线的时间，减少工人眼瞄，杜绝管母线孔点定位不准，与传统的换流站管母线打孔的方式方法相比，在人力资源、精度控制、精细化管理等方面均具有明显的优越性。

图 8-5-1　可变径管母线打孔工具

要点 1：将可变径管母线打孔工具纵向触手的内边距调整至管母线外径尺寸，将横向触手外间距调节至管母线内径尺寸。在管母线一侧安装打孔模具，用水平尺确保模具安装水平，如有需要微调触手确保模具固定牢固。

要点 2：从已安装好的可变径管母线打孔工具一侧布置定位广线，广线应拉直，并在长触手的各个定位孔的圆心通过。在管母线另一侧再布置一套模具，调节模具位置，确保广线在拉直的状态下，处在横向触手每个定位孔的中心轴上，用记号笔标注圆心，管母线另一侧加强孔的位置亦可确定。

【适用范围】

本经验适用于换流站工程的管母线施工。

【小结】

管母线定位打孔工作量小，综合成本低。基于管母线打孔定位的特高压换流站管母线安装的实施解放了工程现场劳动力资源，降低了现场人的工程量。

测绘精度高、效率快。该项技术完成全站管母线打孔，可节约二分之一的时间，其测量精度可达到偏差在 2mm 以内。

经验 6　多功能接头在换流变压器安装中的使用

【经验创新点】

通过换流变压器本体法兰盘连接，引出四路功能性接口，分别实现如下功能。连接电子真空计，避免频繁测量造成本体阀门损坏；连接压力表，换流变安装间歇过程，充注干燥空气时，实时监测干燥空气压力值，避免本体超压；连接麦氏真空计，用于同一真空度麦氏真空计和电子真空计的测量结果对比；机械式安全阀，换流变压器本体压力过大时自动开启，避免本体超压的保护双极化配置。

【实施要点】

法兰盘及各功能引出接口需加设密封垫，同时各功能引出接口处需缠绕生胶带后用密封胶密封，确保密封效果。

【适用范围】

适用于各电压等级换流变压器安装。

【小结】

多功能接头的使用使得换流变压器在安装过程中的抽真空、注气等工作得到了有效的监视。压力检测及机械压力释放有效地避免了换流变压器本体在冲注干燥空气过程中意外过压引起换流变本体损坏。

经验 7　电暖风炮在热油循环时提升环境温度

【经验创新点】

在换流变压器热油循环时采用电加热暖风炮的保温措施，提升换流变在热油循环过程时的环境温度，提高热油循环作业效率。

【实施要点】

要点 1：换流变 Box-in 顶部应用防风帆布进行包裹，以便于达到更好的保温效果。

要点 2：电加热暖风炮应在 BOX-IN 内部对角放置，使室内温度均衡。暖风炮出风口离本体距离不小于 1.2m，防止局部温度过热。

【适用范围】

适用于冬季换流变压器热油循环施工。

【小结】

单台暖风炮供热功率可达 30kW，在换流变压器冬季施工条件下，通过电暖风炮的使用，有效保证了换流变压器安装环境温度，为满足热油循环油温提供了有效保障。同时电加热暖风炮避免了柴油及汽油暖风炮在加热过程中燃烧不充分会产生 CO 等有害气体的风险。

经验 8　换流变压器阀侧套管吊装效率优化

【经验创新点】

换流变压器阀侧套管吊装时使用手持式的角度测量尺测量安装角度，同时核算链条葫芦链条长度来确保链条长度调节精确，从而提升换流变压器阀侧套管吊装效率。

【实施要点】

要点 1：换流变压器阀侧套管起吊前使用手持式的角度测量尺测量套管安装角度。

要点 2：对链条葫芦链条长度进行准确核算，确保链条长度调节精确，确保套管安全角度。

【适用范围】

本经验适用于换流站阀侧套管安装。

【小结】

阀侧套管相对网侧及中性点套管安装，难度更大。在使用手持式的角度测量尺测量安装角度，准确核算链条葫芦链条长度后，换流变压器阀侧套管从起吊到吊装完成仅耗时半小时，大大提升了换流变阀侧套管吊装效率。

经验 9　换流变压器安装场地布置及阀侧套管封堵

【经验创新点】

换流变压器阀侧套管大封堵采用新技术、新材料，整体观感质量优良，防磁效果明显，大负荷期间未发生过热现象。换流变压器安装整体布置合理，防油污、防尘效果良好。

【实施要点】

本工程换流变阀侧套管大封堵采用 100mm 厚无磁化不锈钢面硅酸铝复合防火板＋40mm×40mm 不锈钢龙骨＋100mm 厚无磁化不锈钢面岩棉复合防火板；套管小封堵部位采用 10mm 镁质防火板和硅酸铝针刺毯填实，两侧采用高温硫化硅橡胶防水密封套筒包裹。整体观感质量优良，防磁效果明显，大负荷期间未发生过热现象。换流变压器附件安装及套管、真空注油及其施工机械可能存在跑、冒、滴漏油现象，为了避免对换流变压器广场及换流变压器基础造成污染，使用活性白土预防及处理施工过程中的油污问题，活性白土常作为工业的脱色剂，除油效果显著，在换流变压器附件安装及注油过程中，在基础层洒白土，白土上层铺设防油布，防油布上面满铺防油格栅以防止鞋底沾油，上述三道防护可防止油渍浸入到广场基础表面，同时滤油管敷设在槽盒中，防止滤油管路漏油，现场油务区同样采用三道防护措施。

要点 1：根据现场实际需求，选用合适脚手架类型。根据现场实际的工作环境，设计合理的脚手架的搭建方案。脚手架的材料以及搭建结构要满足相应的安装规范，脚手架必须接地。

要点 2：阀厅外侧使用棉被覆盖换流变套管升高座，避免施工过程损坏本体的电缆线。阀厅内侧使用棉被包裹阀侧套管，棉被要覆盖套管两侧，棉被超过脚手架的距离约等于脚手架高于套管的距离。

要点 3：变压器就位后，使用防雨布遮挡洞口，避免雨水、灰尘以及小动物进入阀厅内部。

要点 4：将角铁断开位置使用 $35mm^2$ 的接地线进行跨接；然后从左右两根角钢其中一根上引出接地线，使用 $35mm^2$ 的铜绞线连接至阀厅接地铜排，待外侧包边安装完成后再进行固定。

要点 5：测绘、现场割制，外侧不锈钢硅酸铝复合板距离套管距离不小于 100mm。

要点 6：使用硅酸铝纤维毯密实填充不锈钢面硅酸铝复合板与墙体之间的间隙；安装中间龙骨，龙骨与不锈钢面硅酸铝复合板之间加装 10mm 厚防火板。

要点 7：使用硅酸铝纤维毯密实填充不锈钢面硅酸铝复合板与套管之间的间隙。

要点 8：安装燕尾扣锁紧挡火圈，在挡火圈与套管接缝处施加 A3 密封胶，并进行压实，连续无断点；将 10mm 厚硅酸铝纤维毯压实，填充挡火圈与龙骨方管之间的间隙。

要点 9：按要点 5 安装内侧不锈钢硅酸铝复合板。

要点 10：安装阀厅内侧挡火圈。

要点 11：接地线时压条之间接地使用 $16mm^2 \times 200$ 接地铜绞线，使螺钉进行固定，三点连接，左下角断开不连接使用 $35mm^2$ 铜绞线从压条右下角连接至接地铜排；使用 $35mm^2$ 铜绞线连接抱箍与接地铜排，接地线连接抱箍上侧安装孔，使用外六角螺栓固定，只固定在单边孔上。

要点 12：安装阀厅内、外侧防火包边时，沿包边外边缘两侧使用 A2 密封胶密封，要求无断点且完全填充包边与墙面空隙处；包边上下两端使用硅酸铝纤维毯进行填充；沿包边内边缘使用 A2 密封胶打胶一周并且沿拼接缝进行打胶，连续无断点。

要点 13：在换流变压器附件安装及注油过程中，在基础层洒白土，白土上层铺设防油布，防油布上面满铺防油格栅以防止鞋底沾油，上述三道防护可防止油渍浸入到广场基础表面。

要点 14：附件安装过程中，设专人指挥，搭设可移动式、带爬梯的便携脚手架。

要点 15：油务区下方同样采用三道防护措施，设置滤油专用电源箱，配备灭火器材。

要点 16：换流变压器内检至封人孔过程中，始终搭设防尘蓬，内检人员由防尘蓬进入，避免杂物、尘土由人孔进入变压器本体。

【适用范围】

本经验适用于换流站工程的换流变压器阀侧套管大、小封堵施工及换流变压器安装前场地、油务区布置等。

【小结】

换流变压器阀侧套管大、小封堵采用此典型经验方法施工，安装一台周期约 5 天，观感质量优良，因为采用了新的机构形式和无磁性的优质不锈钢板作为面层材料，未发生换流变压器阀侧套管工频电流和谐波电流产生的涡流损耗使磁性金属材料产生的发热现象。换流变压器场地、油务区的三道防护措施，避免了大面积漏油、渗油造成换流变压器广场污染现象的现象发生，防护效果显著。

经验 10　换流变压器雨季特殊施工措施

【经验创新点】

制作防雨棚等防雨防潮设施，可以有效降低安装过程中的空间湿度，保证空气中湿度过大或者小雨等天气下依然可以进行换流变压器的安装工作，同时通过其他措施，根据实际天气情况，合理安排工序，有效利用时间，提高安装效率。

【实施要点】

要点 1：根据换流变压器进场时间和进场顺序，提前配备可同时满足 2 台换流变压器安装的机械设备，提前布置好施工电源。

要点 2：提前做好图纸审查和换流变压器仓位复测工作，并总结低端换流变压器施工经验，认真筹划各工序衔接问题和各专业配合问题。

要点 3：根据套管和升高座的尺寸，制作专用的防雨棚，满足强度和密封性要求，并在棚内装设大功率工业除湿机降低空间内的湿度，确保棚内空气湿度在 65％以下，确保换流变压器安装时不受外部影响。

要点 4：根据换流变压器进场时间，要求附件提前到场，并立即进行套管及升高座试验，如天气不满足要求，则在防雨棚内进行试验，为换流变压器安装节约时间。

【适用范围】

本经验适用于阴天及小雨天气下安装换流变压器。

【小结】

通过本项措施及管控经验，可保证在阴天及小雨天气下换流变压器的顺利安装，避免由于连续湿度不达标情况下出现的停工现象。同时通过提前筹划准备和现场管控，可保证各工序衔接紧密，有序开展，有效缩短换流变压器安装时间。

第九章　换　流　阀

经验 1　柔性直流阀厅交付安装（简称交安）管控经验

【经验创新点】

某柔性直流工程，柔性直流阀厅内换流阀安装环境要求高，设备安装过程环境管控难度大。现场通过采取一系列创新措施，提高柔性直流阀厅内安装环境优良率。

【实施要点】

要点 1：阀厅严格落实两次交安安装管控要求。

（1）一次交安时，阀厅自流平施工完成，先行安装阀塔支柱、极线断路器支柱及供能变、刀闸、避雷器等附属设备。

（2）附属设备安装完成后进行二次交安，对阀厅人员、车辆等进行全面管控，规划人员、车辆行走路径，优化物料堆放、清场策略，同时对阀厅卫生进行全面清理。阀厅换流阀、极线断路器主设备在所有作业人员取得合格证、阀厅洁净度达百万级、温湿度和微正压均达标后，经五方确认再开始无尘化安装，为关键设备安装提供最优条件。

要点 2：多措并举落实阀厅无尘化安装管控。

（1）人员进出设置专用通道，内设风淋间、人脸识别门禁、更衣间等。

（2）严格规划行车路经，车辆从专用风淋通道进出。

（3）阀厅内地板革满铺，行车通道采用铺设加厚橡胶垫等措施，保证室内环境，保护自流平地面。

（4）阀厅内派遣专人采用电动扫地车定期对地面进行除尘。

（5）阀厅内安装人员穿戴专用防尘服和防尘鞋套，保证设备安装过程中有效防尘。

（6）阀厅入口设置挡尘门帘，在物料进出时起到防风防沙作用。

要点 3：探索泛在电力物联网在阀厅安装中的应用。阀厅内搭建阀厅综合监管系统，实时监测双极阀厅温湿度、颗粒度、微正压等重要信息并上传后台。当环境指标超标时，后台启动自动告警功能，通知阀厅安装负责人，现场立即整改。同时阀厅内多点位安装视频监控，通过多角度监控记录阀厅主设备安装过程，实现设备安装全过程可视化，在关键工序严把质量关。配置人脸识别＋身份 ID 卡系统，对人员进出实施动态管理。

【适用范围】

本经验适用柔性直流换流站阀厅施工环境控制。

【小结】

通过优化阀厅环境，保证施工质量。

经验 2　优化桥臂电抗器接地方式

【经验创新点】

柔性直流换流站桥臂电抗器电抗值大，为避免设备运行时电抗器漏磁引起的电磁发热，本工程开展了电抗器接地的优化设计，电抗器采用单半环一点双根接地排引下接地。同时，明确邻近电抗器布置的、需两点接地引下的设备接地线走向，尽量减少可能切割的交变磁场成环面积（如图 9-2-1 所示）。

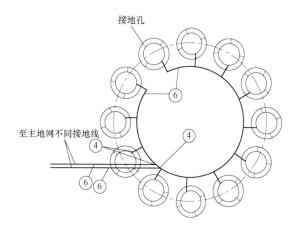

图 9-2-1　优化电抗器接地示意图

【实施要点】

如联结变压器阀侧光电流互感器和隔离开关支架均为两点接地引下，并引接至主地网。设计图纸中要求两条接地引下线引下时应沿同一路径敷设，引接至主地网后，其中一条接地线通过放热焊与主地网可靠连接，另一条接地线继续沿主地网向远离电抗器方向引接，在主地网交叉处附近通过放热焊与其可靠连接。

【适用范围】

本经验适用于柔性直流换流站桥臂电抗器接地。

【小结】

电抗器采用单半环一点双根接地排引下接地，避免电磁发热现象的产生。

经验 3　阀厅设备安装智能化管控

【经验创新点】

阀厅安装智能化整体架构分为感知层、数据层、应用层、界面层共四层。感知层是现场的感知硬件，包括摄像头、门禁系统、环境监测设备、激光雷达等；数据层是施工过程视频记录、力矩记录、障碍物位置等数据库，并通过液晶显示器实时显示；应用层是通过数据库分析并采取扫地机器人、报警等不同方式进行控制；界面层是项目管理层和一线工人的操作界面，包括智能精灵、触屏电脑，iPAD、手机等终端。

【实施要点】

阀厅安装智能化全过程分 4 级管理。

要点 1：人员管理。

（1）建立严格的人员进出管理制度，人员与设备各有其专用通道，人员入口设置无尘处置间进行人员的分级管控，非施工人员仅能到达无尘处置间参观。

（2）无尘处置间通过指纹锁控制人员进出，同时可通过远程发送临时密码满足非工作时间的参观需求，并自动记录上传人员进出情况。

（3）门口设置可视化门铃，值守人员可通过语音对话问询进入人员，避免无关人员的进出，破坏安装环境。

（4）阀厅入口通过人脸识别＋电磁锁技术实现人员的分级管控及考勤，阀厅区域禁止非施工人员进入，检查人员可通过摄像头观察。

要点 2：环境管控。

（1）无尘处置间设置衣柜、鞋柜，所有施工人员进入更换工作服及工作鞋，并通过风淋室进行除尘。

（2）阀厅内部设置一体化环境监测仪，实时上传数据至管理后台，如环境超标将通过报警提醒施工人员加强无尘化环境的控制。

（3）选用智能精灵及配套智能组件实现环境的智能及远程管理，人员可以通过手机及语音控制各设备，实时掌控阀厅状态。同时通过设置情景模式实现下班后的自动断电、安保、报警、启动扫地机器人等功能，确保阀厅无人状态下的环境管控。

要点 3：安全管控。

（1）防尘处置间液晶显示器与阀厅顶部高清摄像头连接，实现施工过程的全过程监护，提高施工安全指数，并形成施工过程的历史资料，做到可追溯性。

（2）激光雷达将升降平台车周边环境扫描，监测附近障碍物位置，车辆使用过程中如遇到碰撞隐患，声光报警器进行报警，提醒操作人员及时消除碰撞隐患，避免碰撞事故发生。

要点 4：质量管控。

（1）高空作业人员佩戴智能安全帽，使用无线力矩扳手进行设备安装，底部负责人可以通过安全帽的语音与视频系统进行指挥及监控，同时安装后的力矩值将直接传输至计算机，避免误操作。

（2）针对换流阀阀塔内部水路复杂，不利于检查的情况，采用蓝光技术检测管内异物和是否堵塞，并通过听漏器分辨试压水流频率，检测水管有无漏点。

（3）采用金具三维检测技术，建立毫米级缺陷检测指标体系，严格控制金具表面光洁度，确保"防电晕"措施落实。

【适用范围】

本经验适用于换流站阀厅设备安装。

【小结】

通过应用阀厅设备安装智能化管控系统，确保阀厅设备安装的安全质量。

经验 4　升降车防碰撞

【经验创新点】

高空作业车是阀厅安装施工最主要的使用工具，尤其是对阀厅内爬梯无法到达的设备，需要使用高空车辆把作业人员升起进行设备的维修和安装。在工作过程中，由于施工作业环境的特殊性，车辆司机和施工人员经常会产生一些实现盲区导致发生一些不安全的碰撞事件，给施工造成安全隐患。通过在升降车上安装防碰撞雷达，可有效避免升降车作业时与设备、人员的碰撞，降低作业安全风险。

【实施要点】

要点 1：车与车防碰撞。在升降车上安装精准测距模块和声光报警器，预先设定好安全距离，精准模块互相测距，当测距模块之间的距离小于预先设定的安全距离时就会触发测距模块的继电器接通声光报警器以提醒驾驶员注意。

要点 2：车与人防碰撞。在升降车上安装精准测距模块和声光报警器，预先设定好安全距离，当测距模块与人员携带的标签距离小于预先设定的安全距离时就触发测距模块的继电器接通声光报警器以提醒驾驶员注意。一辆车部署一个采集基站，附近施工人员佩戴感应标签，当走进安全距离时则会触发声光警告和报警。智慧工地平台实时采集信号进行跟踪记录。

【适用范围】

适合阀厅内施工现场的升降车作业，防止无关人员进入工作区域。

【小结】

采取以上的措施后，可以实现阀厅安装过程中车与车、车与人的安全距离报警；智慧工地平台也可以通过接口实时获取相关距离信息和报警信息并在平台展示。

经验 5　提高柔性直流工程绝缘栅双极型晶体管（IGBT）换流阀安装效率

【经验创新点】

柔性直流换流站工程具有占地面积小、布置紧凑、设备安装数量多（地面支撑式）等特点，需要从管理方面着手，细化施工组织才能优质高效完成安装任务。

（1）施工组织方面。一是厂家主导安装，提高安装效率；二是对施工人员进行理论和实操培训，保证工艺质量；三是安装工艺进现场，提高施工人员作业水平；四是需要根据工作量和作业流程测算阀组安装施工作业工作组。以背靠背的一个单元阀组安装为例，经过测算将每个厅的阀组安装按照三个作业组进行，每个作业组厂家安装人员 4 人、施工 10 人、升降车 3 台、叉车 2 台，最大化提高安装效率、避免交叉。

（2）物资供应方面。结合施工组织测算，对接阀厂家供货情况，厂家每天发送 8 车、80 个组件，同时对设备运输车辆实现厂内出库、公路运输、到场疏导等手段，精确管控，提高了工作效率，避免了现场堆积的拥堵。

【实施要点】

要点 1：环境控制方面。一是分阶段清洁阀厅，阀冷水管和支柱绝缘子安装后、阀组安装后，以及光纤敷设安装完成后再次清洁；二是设置人员、设备进出通道，在人员进出通道安装风淋间，对进出人员进行清洁，设备进出通道安排专人对进入车辆进行清洁；三是两个阀厅的风淋间采用"错位"设计，方便两个阀厅同时进货；四是在阀厅内安装 10 个温度监测器、10 个湿度监测器、6 个粉尘度监测仪、2 个大气压力监测器、16 台除尘机器人，对阀厅内的安装环境进行控制，确保室内形成正压、安装温度保持在 $10 \sim 25 ℃$、相对湿度小于 60%、PM2.5 小于 $50 \mu g/m^3$，当某一项指标超标时，监控设备就将报警，此时立即停止阀组安装、光纤的安装。

要点 2：阀厅标准化布置，安全色管理系统设置到位。通过阀厅内设置安全色管理，将施工吊装区域、设备袋装试验区域、人员巡检通道进行明显隔离，使阀厅内安全管理提升、施工效率大幅提高。

要点 3：阀厅安装创新使用轨道车，提高安装效率。柔性直流换流阀所需安装设备较多，如何管控成品阀厅自流平地面及有效利用阀厅内场地显得尤为重要。可采用阀厅内转运轨道小车，不仅大幅提高了设备试验、转运效率，也提升了安装功效，同时，还有效防止了对地面的损伤。

【适用范围】

本经验适用于柔性直流换流站工程的 IGBT 阀安装效率提升。

【小结】

本经验有效解决了每个单元阀厅安装工作量大、安装环境要求高、安装精度高、安装工期短等困难。

第十章 其他一次设备

经验 1 调相机无尘化安装

【经验创新点】

在进行调相机安装工作时，调相机定子将暴露于外部环境中，对外部环境"粉尘度"的控制将直接影响设备长期安全稳定运行。按照国家电网有限公司提高调相机安装标准的要求，确保安装标准高于火电机组，特建立全方位全过程的"抑尘、降尘、挡尘、除尘、绝尘、制度防尘"六级防尘措施，以六级防尘措施为指导方针，对现场进行无尘化防尘布置，使调相机安装时工作环境粉尘度达到百万级标准，确保环境满足调相机安装条件。

【实施要点】

要点 1：现场通过在 5m 层中间通道布置扬尘噪声监测系统，时刻在线监测主厂房内灰尘。

要点 2：调相机两侧各布置一个防尘棚，里面布置空气净化器确保空气洁净度。

要点 3：在施工过程中，5m 层临时通道铺设临时塑料地板革，禁止关键工序施工期间进行切割、焊接等引起灰尘的作业。

要点 4：配置专门的保洁人员每天对 5m 层进行不间断的清理、洒水，确保清洁的环境。

【适用范围】

本经验适用于换流站工程的调相机无尘化安装工作。

【小结】

通过采取上述施工方法，能确保调相机在安装过程中的清洁度和环境的控制，对提升机组稳定运行起着重要作用。

经验 2 500kV GIS 专用安装工具应用

【经验创新点】

为解决某换流站 GIS 单元运输车无法开进 GIS 室内，以及伸缩节压缩效率慢、准度低的问题，研发了 GIS 移动平台及伸缩节压缩工具，使 GIS 安装质量得到保障，交流耐压试验一次通过（见

图 10 - 2 - 1 和图 10 - 2 - 2)。

图 10 - 2 - 1　总体效果 1　　　　　　　　　　　图 10 - 2 - 2　总体效果 2

【实施要点】

(1) 针对换流站 GIS OB 单元参数，通过多次试验改进，最终移运平台底座规格定型为外形尺寸 6.4m×2m×0.6m（长×宽×高），整体结构为钢构式，经现场组装，操作简便。

要点 1：GIS 移运平台可以靠底部设备的 8 个对称布置加强滑轮移动到室内，通过底座支撑槽钢，支撑移运平台导轨槽钢，保证移运平台可以沿着导轨靠人力推动。

要点 2：在平台末尾设置 1 台 10t 卷扬机，卷扬机性能稳定效率高，配合断电自动刹车系统，使用更安全。

要点 3：为满足控制冲击记录不大于 2g 的要求，对移运平台水泥地面进行测量并处理。移动平台研制完成后，复测平台小车表面水平度，确保误差在 2mm 以内。

要点 4：另一侧设置一个定滑轮，钢丝绳在平台底部下穿过，固定在相应节点，卷扬机运行采用匀速，确保冲击值得到控制。

要点 5：为满足 GIS 设备室内安装颗粒度要求，在移动平台外部设一设备清洗室。在清洗室附近设置一临时水桶满足供水需求。

(2) GIS 伸缩节压缩工具采用双矩形槽钢外框上下垂直布置，外框四角采用穿芯螺杆进行固定，穿芯螺杆长度需大于伸缩节未伸缩最大高度＋手动千斤顶高程，且螺杆螺纹长度满足伸缩节压缩范围，槽钢外框在靠近长边两侧的位置焊接水平支撑，用以支撑千斤顶。使用时，将伸缩节均匀放置在下槽钢外框顶部，在伸缩节顶部架设对称的 2 台千斤顶，再将上槽钢外框底部放置在千斤顶上，4 根穿芯螺栓均匀紧固保证行程一致，双人同时操作千斤顶使伸缩节压缩。

【适用范围】

本经验适用于换流站工程的施工受施工场地和环境等因素影响，运输车无法开到指定位置的室内 GIS 施工。

【小结】

通过 GIS 移运平台工具，解决了 GIS 单元运输车无法开进 GIS 室内，即吊车卸车至行车吊装位置的牵引运输问题，经过实测，重约 8t 的 GIS OB 单元放置在移动平台，可以通过 6 人人力推至 GIS 室内，使用效率高，经济效益良好。使用 GIS 伸缩节压缩工具，从开始组装到压缩完成一个伸缩节的时间大概在 15min 左右，大大节省了安装的时间，经济效益良好。

经验 3　特高压 GIS 现场安装用全封闭移动式厂房技术

【经验创新点】

1000kV 气体绝缘金属封闭开关设备（GIS）的现场安装是特高压交流变电站施工的关键工序，要求在无风沙、无雨雪、空气相对湿度小于 80％ 的条件下进行，并应采取有效的防尘、防潮措施。

某变电站工程进行了移动厂房结构设计、防风加固设计、密封与环境控制、基于移动厂房的特高压 GIS 安装典型施工方法等四个方面的研究，并在此基础上提出了工程化应用方案。

【实施要点】

移动厂房采用模块化设计，具体尺寸可根据现场情况适当调整。移动厂房的尺寸设计需考虑 GIS 设备尺寸、布置特点、周围基础布置情况、设备单元就位位置等因素。

要点 1：设计高度确定原则，由最高设备及最高吊点确定。

要点 2：厂房跨度确定原则，由串内主设备及主母线的横向最大尺寸确定，同时需考虑为风淋室、钢结构及外围密封彩钢板预留空间。

要点 3：厂房长度（沿设备安装方向）确定原则，根据不同设备厂家的安装要求，可依据最长设备尺寸，或依据每次移动需完成的最长安装距离。

【适用范围】

本经验适用于特高压交流变电工程及部分特高压直流工程。

【小结】

通过移动厂房的使用，可保证 GIS 安装环境，提高对接精度及质量；可实现全天候作业，提高 GIS 安装工作效率，保证工程进度；可改善作业环境，有效降低劳动强度。

同时，减少了吊装配套人员和吊车使用费用，减少了窝工的情况。移动厂房为可拆卸式，可以在多个工程中重复使用，远期经济效益好。

截至目前，移动厂房已推广至全部特高压 GIS 设备厂家；部分 GIS 设备厂家已主动将相关技术推广至 750kV 工程；移动厂房已确定在后续特高压变电（换流）站中全面推广应用。

经验 4　GIS 开关设备辅助接点数量配置经验

【经验创新点】

随着换流站内二次系统对开关位置接点日益增多的需求，在设备规范书中要求厂家提供充足的辅助接点位置。

【实施要点】

GIS 开关设备除去自身使用的位置接点外，还要为交流场测控系统、联接变测控系统、交流场故障录波系统、联结变压器故障录波系统、交流断面失电监测系统、安稳系统及联接变消防喷淋系统等提供位置信号。

要点 1：直流工程二次设计较为复杂，设计单位开展二次设计时，要系统、全面考虑，对设备辅助接点需求要适当留有裕度。

要点 2：在编制设备技术规范书时，要明确辅助接点数量和对应信号位置。

要点 3：设备到场验收时，施工单位对二次辅助接点信息要根据施工图认真核实。

【适用范围】

本经验适用于换流站工程的 GIS 开关设备辅助接点数量配置管理。

【小结】

针对 GIS 开关设备辅助接点数量配置管理问题，统筹考虑其他设备辅助接点数量配置。

经验 5　500kV GIS 伴热带优化设计

【经验创新点】

某换流站站址极端最低温为 $-42.5℃$，通过优化伴热带设计（见图 10-5-1 防止 500kV GIS 气室内 SF_6 气体液化。

【实施要点】

要点 1：低温环境下，对于 500kV GIS 设备本体，要在断路器、隔离开关/接地开关、电压互感器和套管基座的外壳上加装保温装置。

要点 2：当环境温度低于 $-20℃$ 时，加热装置投入使用，对设备内 SF_6 气体进行加热，保证设备内 SF_6 气体温度高于液化温度。

要点 3：断路器和套管伴热带设置两主一备；隔离开关/接地开关和电压互感器伴热带设置一主一备。在主伴热带故障情况下，可以迅速切换至备用伴热带，从而保证产品性能。

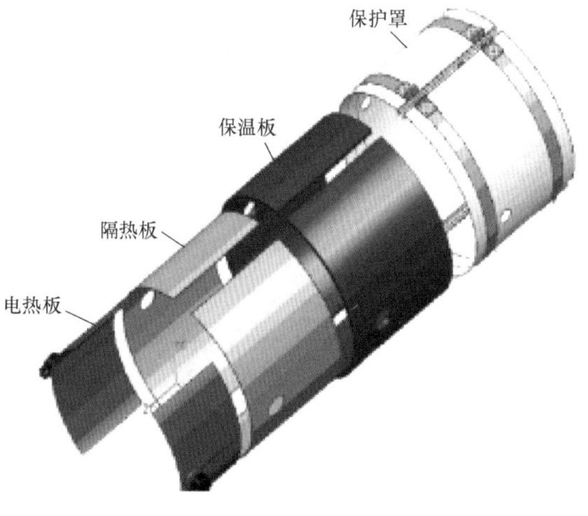

图 10-5-1　伴热带分解示意图

【适用范围】

本经验适用于低温地区 GIS 设备的应用。

【小结】

通过优化 GIS 伴热带设计，增大加热范围，提供 GIS 设备的安全可靠运行。

经验6 500kV GIS 安装过程 BIM 技术三维模拟

【经验创新点】

±500kV 某换流站整体布局比较紧密，交流配电装置楼集中布置 500kV、220kV、66kV 交流配电装置以及联络变压器、66kV 无功设备、二次设备等。导致 500kV 组合电器设备间场地有限，设备的运输、就位和安装施工难度较大。针对这一情况，电气安装施工项目部会同监理单位利用 BIM 技术对施工方案进行模拟验证，确保组合电器安装正常施工。

【实施要点】

500kV 组合电器为 3/2 接线方式，位于配电装置楼二层，采用 Z 字形布置，设备整体成南北向一次排列。500kV 组合电器设备间宽 15m，高约 19m，长约 90m，北侧设置吊装口，顶部设置 1 部 10t 行吊用于设备运输，吊钩底部标高约为 15m。500kV 断路器运输单元长约 6.5m，高约 4m。断路器单元就位顺序有两种方案，一种是由南向北依次吊装就位（见图 10-6-1，另一种是由中间向南北两侧依次就位（见图 10-6-2），优点是可以减少施工累计误差，利用 BIM 技术对两种方案进行了模拟。

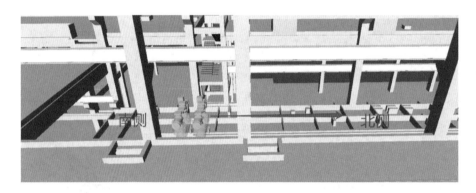

图 10-6-1 断路器单元由南向北依次吊装就位

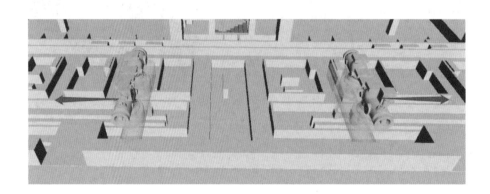

图 10-6-2 断路器单元由中间向南北两侧依次就位

从南往北依次吊装断路器：吊钩底部标高 15.5m，缆绳长 8m，缆绳吊起断路器时，断路器底部标高为 15.5-7.8=7.7m，GIS 基础顶标高为 6m，所以吊装时有 1.7m 的空间位置，所以满足吊装条件。

由中间向南北两侧依次吊装断路器：断路器高度为4m，基础标高6m，吊钩升至最顶端时底标高为15.5m，缆绳长度为8m，当缆绳吊起断路器时，断路器底部到吊钩底部高差为7.8m，将断路器放置在6m基础上，此断路器顶标高为10m，距离吊钩底部高差为15.5－10＝5.5m，吊装垂直空间需要7.8m，5.5m＜7.8m，所以再吊装另外一台断路器时，由于吊装高度不能满足需求而会发生碰撞。最终决定采用由南向北依次吊装的方案。

【适用范围】

本经验适用于换流站工程组合电器等主设备安装。

【小结】

通过BIM技术对500kV GIS安装过程进行模拟，确定了500kV GIS设备就位安装顺序，对屋面设备安装吊车选用提出了准确参数，确保了设备安装顺利进行。

经验7　750kV罐式断路器与750kV五柱隔离开关管母线连接安装

【经验创新点】

750kV罐式断路器与750kV五柱隔离开关管母线平行一致，美观大方，总体效果见图10-7-1。

图10-7-1　总体效果

【实施要点】

安装管母线之前，首先测量断路器与隔离开关的高度误差，然后调整安装管母线夹的高度，利用两段线夹的高度误差，平衡断路器与隔离开关的高度误差，此种方法可避免断路器与隔离开关的高度误差造成管母线出现不平衡的现象出现。

要点1：测量两设备到地面的高度，如果两个高度值不一致，采取一定措施，消除其高度误差。

要点2：调整线夹的高度，以此来平和设备间的误差，从而使管母线平行一致，美观大方。

【适用范围】

本经验适用于换流（变电）站工程的管母线安装。

【小结】

利用调整线夹高度的办法来消除设备之间的高度误差，有效地提高了施工质量，保证了标准工艺的执行。

经验8　GIS冬季施工低温提高充气效率措施

【经验创新点】

由于某换流站年均气温为0～3℃，结冰期长达5个月，寒冷期长达7个月，GIS设备安装有80%的施工周期位于冬季期。冬季的低温造成充气时气体效率降低，充气速度大大减慢，严重制约了现场施工进度。

现场应用SF_6低温注气装置提高低温环境下注气效率，既能有效缩短换流站500kV GIS注气施工时间，提升施工质量及安装效率，还可以降低因低温降效造成的额外成本。

【实施要点】

现场通过自制加热水箱使用并联充气管路，提升了SF_6注气速度。

【适用范围】

本经验适用于极寒地区冬季GIS气室SF_6注气工序。

【小结】

通过应用以上创新成果解决了在某换流站环境温度低于−10℃情况下，由于SF_6气体低温液化特性，导致无法充气的施工问题，保障某换流站GIS设备安装进度，有效提升了设备安装质量。

经验9　组合电器气垫运输技术应用

【经验创新点】

某换流站组合电器共有500、220、66kV三个电压等级，全部设备布置于交流配电装置楼内。220kV GIS位于一层西侧中部，66kV GIS位于一层南北两侧，500kV GIS位于二层中部。GIS设备本体卸车后需要运输一段距离，无法直接吊装就位。通过应用气垫运输技术（如图10-9-1所示），大大提高了GIS设备二次运输施工效率，保障了工程按期完成。

【实施要点】

GIS设备装配精度高，运输设备时要求平稳，减小振动和冲击。在无法将设备直接吊装就位的作业场地进行组合电器GIS平面运输时，宜采用气垫运输方法。

气垫运输的基本原理是：由数个小气垫组成气垫阵，通过向气垫模块充入压缩的空气，使气囊带着负载浮起，持续地通入高压气体，在气囊与地面之间形成空气薄膜，从而减小负载对地摩擦力，实现以较小的水平推力移动负载的目的（见图 10 - 9 - 2）。

图 10 - 9 - 1　500kV GIS 气垫运输

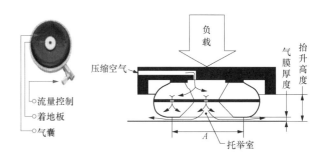

图 10 - 9 - 2　气垫模块及工作原理

【适用范围】

本经验适用于换流站施工典型经验。

【小结】

采用气垫运输保障施工安全，减小设备运输的振动，保护土建和设备成品，同时也能减轻劳动强度，提高工作效率，保证施工质量。

经验 10　±800kV 换流站工程联络变压器 750kV 侧进线优化

【经验创新点】

为优化套管端子受力情况，对该站 750kV 联络变压器进线方式进行了优化变更，以减小套管受力，变更接线前后的对比图见图 10 - 10 - 1。

图 10 - 10 - 1　变更接线前（左）、变更接线后（右）效果图

【实施要点】

要点 1：750kV 避雷器采用定制金具（端子板尺寸满足载流量 2000A 要求），以便在避雷器接线端子处实现引接线分段，避免引上线过长产生较大的长期静荷载。

要点 2：联络变 750kV 套管从垂直上引的方式改为水平引接后，由于一次接线端子板上表面仅高于上均压环底面 42mm，若直接采用 0°线夹出线，会导致导线与均压环发生冲突。因此，考虑对套管接线方案进行优化，具体如下：将套管原均压环下移 450mm，将高压侧套管一次接线端子板完全露出后，再增加一个均压环（管径 240mm），与原均压环上环中心距 860mm，4 分裂导线从上两个均压环之间水平引出至避雷器进行连接。

【适用范围】

本经验适用于 750kV 变压器高压套管及其进线侧 750kV 避雷器接线端子的引线连接，其他电压等级变压器套管的连接可参考使用。

【小结】

通过特制避雷器金具、联络变压器高压套管接线端子、高压套管均压环等，将典型设计中联络变压器进线人字形接线方式进行了优化，有效减小了变压器端子受力。

经验 11　直流断路器安装验收经验

【经验创新点】

某柔性直流换流站工程的换流站设计有两台机械式断路器，直流侧出线连接于某站。断路器主要组成包括主支路、转移支路、缓冲支路和耗能支路。机械式直流断路器分合闸过程中有各个断口的机械运动和大容量电容的充放电，以及耗能回路避雷器吸收的巨大热量。需要充分考虑动作过程机械震动对光缆、电缆连接的影响，电容充放电瞬间的电缆及其连接部分的载流量问题，以及断路器在外部电压异常情况下的绝缘问题。

【实施要点】

在断路器安装完毕具备运行形态后，进行如下检验。

要点 1：对主支路驱动电容和转移支路电容进行充电并连续运行 24h，在安全距离内用红外测温仪进行全方位扫描，寻找连接异常或者异常放电部分，并在夜间熄灯观察有无放电情况。

要点 2：操作断路器分合闸后，用红外测温仪重点扫描充放电回路的各个连接部分、电容外壳及避雷器。

【适用范围】

本经验适用于柔性直流换流站工程直流断路器安装验收。

【小结】

通过长期的运行和循环的充放电，会检查出来连接松动或因为振动导致的松动和部分连接件在制作过程弯折过度等情况，并发现部分欠合理的设计，保证断路器的长期、稳定、可靠运行。

经验 12 1000kV GIS 基础全天候智能移动施工车间应用

【经验创新点】

某站扩建工程采用此移动暖棚车间进行冬期施工，相比较传统冬期施工方式，减少周转材料投入 15.5%、人工投入 21%、费用投入 52%。移动暖棚车间拆卸方便，彩钢板、桁架、轨道等材料可在其他工程上重复使用，避免资源浪费。同时有助提高了现场安全管理水平和基础施工质量。

【实施要点】

1000kV GIS 基础跨越冬期施工。为满足施工进度及保证混凝土质量，GIS 基础施工搭设了 1000kV GIS 基础全天候智能移动施工车间（简称移动暖棚车间）。

要点 1：移动暖棚车间是在 GIS 设备基础上横跨基础安装一个可移动、可重复利用的施工车间，从而完全隔离外部恶劣环境。当存在恶劣天气时，在移动暖棚车间内进行 GIS 基础施工，能够保温、防雨雪，施工人员可进行模板、钢筋安装和混凝土浇筑等施工作业及混凝土的早期养护，从而避免了施工受雨、雪、大风、低温恶劣天气环境影响。

要点 2：当此段混凝土养护完毕后，移动暖棚车间可以自动移动到一下段进行作业。

要点 3：同时在移动暖棚车间内安装智能监测系统，可以监控车间内施工作业环境，监控混凝土养护期间环境温度、湿度、有害气体及混凝土的入模温度、养护温度等各项数据。

【适用范围】

特高压工程 GIS 安装冬季施工。

【小结】

相比较传统方案，移动车间拆卸方便，彩钢板、桁架、轨道等材料可在其他工程上重复使用，避免资源浪费。

有助于提高施工安全管理水平。减少固定暖棚多次搭拆的施工风险，并避免大面积使用易燃保温材料，可降低火灾风险。符合安全文明施工标准化要求，可减少材料堆放，有利于施工区域规范化管理。

有效保证工程进度。在雨雪等恶劣天气情况下，移动车间能够隔离外界影响，不受恶劣天气影响，实现连续 24h 不间断施工，保证了 GIS 设备基础施工的连续性。在混凝土养护期间，避免了多次搭拆固定暖棚造成的工效浪费。

有效保证 GIS 基础施工质量。移动车间的智能监控系统能够实现实时监控各项环境数据，提高了 GIS 基础混凝土养护环境的可靠性、温差控制的准确性，有效保证 GIS 基础施工质量具有远期经济性。

经验 13 低温、雾霾环境下 GIS 户外分支母线安装防尘棚

【经验创新点】

新型低温、雾霾环境下 GIS 户外分支母线安装防尘棚，通过控制环境温度、湿度、粉尘颗粒度，使 GIS 户外分支母线达到室内安装环境要求，确保 GIS 户外分支母线安装质量。

【实施要点】

要点 1：采用方钢制作 3m×2m×2m（长×宽×高）的内空长方体，再根据户外 GIS 分支母线布置成直线型、直角型特点，采用水晶板和皮革材料通过粘扣和胶粘连接，制作不同形式防尘棚外罩，见图 10-13-1。

(a)　　　　　　　　　　　　(b)

(c)　　　　　　　　　　　　(d)

图 10-13-1　不同形式防尘棚

（a）地面直线型保暖防尘棚；（b）高空直线型保暖防尘棚；

（c）地面直角型保暖防尘棚；（d）高空移动保暖防尘棚

要点 2：棚内配备电暖器及空气净化器对棚内温度、湿度、颗粒度进行控制。

要点 3：采用温湿度计及尘埃粒子计数器对棚内温度、湿度、颗粒度进行实时监测。

要点 4：利用 GIS 室外安装的扬尘在线监测系统，24h 全天候实时在线监测颗粒浓度信息，通过传感器传输至显示屏上，根据厂家提供的颗粒浓度标准（≥0.5μm 颗粒：≤3.5×107 个/m³；≥5μm 颗粒：≤2.5×105 个/m³），若室外监测到的颗粒浓度超过厂家要求值较高时，便利用 500kV 室配备的风送式喷雾机在防尘棚周围进行喷雾降尘。

要点 5：在 GIS 户外分支母线正式安装前，将防尘棚移至安装位置附件，开启电暖器、空气净

化器 5~10min，用温湿计及粒子计数器测量记录棚内环境，当达到厂家提供的温湿度、颗粒浓度要求值，经三方确认做好记录后再进行 GIS 设备安装工作。同时在安装过程中定时（每 15min 测量一次）进行防尘棚温湿度、颗粒浓度检查，确保安装环境达到厂家规定。

要点 6：可以在地面清理及对接的分支母线先在地面进行清理对接，尽量减少高空对接，高空对接的分支母线需加工高空可移动平台，将防尘棚固定平台上，进行清理对接。

【适用范围】

本经验适用于换流站户外 GIS 分支母线及设备安装，可进行标准化制作，并进行推广。

【小结】

通过使用"低温、雾霾环境下 GIS 户外分支母线安装防尘棚"，能有效控制了 GIS 设备安装受尘土、环境、气候等因素影响，从而保证安装质量，使得本站在 GIS 一次安装结束后进行的 100% 耐压试验中一次性通过，从而充分验证了在 GIS 户外分支母线安装过程中防尘控制措施的经济实用性。

经验 14　防止电抗器表面出现树枝状放电经验

【经验创新点】

漏电起痕是有机绝缘材料在严重潮湿和污秽条件下特有的现象。根据这一现象发生的原因机理，凡户外电抗器或者电位梯度较大的其他干式电抗器，都应设法防止绝缘表面形成连续性的水膜，抑制潮湿条件下表面泄漏电流及其分布密度，防止小型局部干区的出现，继而可防止漏电起痕现象。

根据国内累计数千台并联电抗器的运行经验，电抗器表面涂覆憎水性涂层——PRTV 防污闪材料，对抑制局部表面放电非常有效。最早开始应用特制 PRTV 的电抗器已经运行近 20 年，没有出现任何不良现象。而没有涂覆 PRTV 的电抗器，运行一两年后就开始在电抗器下端汇流排附近出现树枝状的漏电痕迹。

【实施要点】

要点 1：在电抗器生产完工后，为电抗器各包封层外表面喷涂 PRTV，大大提高了电抗器的绝缘性能，有效抑制电抗器表面放电现象。

要点 2：在线圈最内、外层装配了均流电极，可消除汇流排附近的表面电场和电流集中现象，进一步降低端部表面放电风险。

【适用范围】

本经验适用于优化电抗器防表面放电措施。

【小结】

对电抗器各包封层外表面喷涂 PRTV，保证工程安全及质量。

经验 15　储油区接油槽油污染防治措施

【经验创新点】

某换流站共有 24 台换流变压器及 4 台备用变压器，现场油务处理量巨大，采取设置储油区、铺设橡胶垫、接油槽等措施，确保现场油务处理安全有序，做到避免油务处理时对换流变压器广场的污染，做好成品保护工作。

【实施要点】

要点 1：按照施工方案布置储油区。

要点 2：在滤油作业区域铺设橡胶垫。

要点 3：在储油区油罐接头、管道接头及换流变压器主体下铺设橡胶垫。

要点 4：安装接油槽，接油槽采用不锈钢槽盒材质。

【适用范围】

已在某换流站现场得到应用，适用于特高压工程及变电站工程。

【小结】

采用此措施对储油区进行污染防治，方便集中收集处理的同时能够有效避免接头处变压器油对广场混凝土面层造成污染。

经验 16　750kV 交流滤波器场五柱水平旋转组合隔离开关的应用

【经验创新点】

采用"田"字形布置的交流滤波器组，母线需向两侧分别引出，两组背靠背布置的滤波器各需设置一组单接地的隔离开关，引线比较复杂。

某换流站工程采用新的改进"田"字形布置的交流滤波器组，背靠背布置的两组隔离开关采用共用静触头，组成一个五柱式的隔离开关双断口的隔离开关，代替原来两组独立的隔离开关，引线简单，又减少了设备的数量。组合后的断面图如图 10-16-1 所示。

【实施要点】

采用 750kV 五柱水平旋转组合隔离开关，将同一个大组的两个小组之间的隔离开关之间的静触头组合，减小了小组之间的纵向尺寸，节约了占地。

考虑到 750kV 组合隔离开关设备较长，由多个支架支撑，为防止不均匀沉降可能造成的分合困难，需采取措施提高设备可靠性。

要点 1：将组合隔离开关基础用一个横梁连接起来。

要点 2：加强设备触头设计，避免因分合次数较多触头出线跑偏的现象。

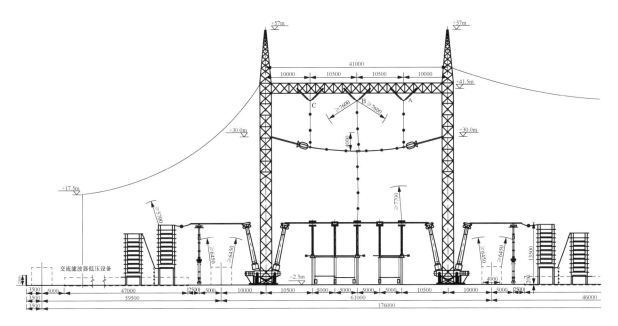

图 10 - 16 - 1 "田"字形滤波器布置

【适用范围】

本布置方案适用于滤波器小组为偶数的方案。

【小结】

"田"字形布置的交流滤波器组，背靠背布置的两组隔离开关可以采用共用静触头，组成一个
五柱式的双断口的隔离开关，代替原来两组独立的隔离开关，引线简单，又减少了设备的数量。

第十一章 控制保护与调试

经验 1 提高带负荷试验一次成功率的一种方法

【经验创新点】

线路投运做带负荷试验时须进行六角图测试，常规测试方法存在校验时间长，测量结果不准确，电流二次接线紧密使钳扣强行插入易造成二次线松脱开路等问题，导致带负荷一次试验成功率较低，现实施一种对策使测试电流放大 2~5 倍，从而极大提高带负荷测试的一次成功率。

【实施要点】

要点 1：通过电流采集放大线圈对二次电流进行采集放大 2~5 倍，即可达到电流互感器二次电流采集准确率 100% 的要求。

要点 2：将电流放大线圈两端专用插头分别插入电流端子两侧，确定连接可靠后打开电流端子的中间连片进行测试。

【适用范围】

线路投运时带负荷试验测试方法均可适用。

【小结】

通过采取放大测试电流、解决二次电流线紧密钳口不能正确卡入等问题，可以达到带负荷测试一次成功率 100% 的要求。

经验 2 直流控制保护设备安装无尘化控制

【经验创新点】

换流站直流控制保护设备以光板卡和电路板居多，设备安装时产生的粉尘吸附在板卡上无法清理，运行过程中板卡容易短路烧毁，给安全稳定运行带来较大的隐患。直流控制保护设备到货前，对墙面进行成品保护，有效降低控制保护室的粉尘颗粒度，同时安排专人进行保洁，保持室内无粉尘产生。

【实施要点】

要点1：控制保护室安装前环境布置。

为有效保护二次屏柜安装质量，同时做好土建地面及墙面的成品防护，在控制保护设备安装前控制保护室将做如下防护：

（1）在主辅控楼及保护小室门前布置地毯，减少雨天泥土和灰尘对地面污染，并安排专人进行清理，保持室内无粉尘产生。

（2）在水泥地面铺设地板革或清理安装好静电地板，墙面2m以下粘贴塑料薄膜，即对墙面进行成品保护，同时有效降低粉尘颗粒度。

（3）控制保护室布置完成后加强现场管控，减少其他专业进入小时作业，尤其禁止产生灰尘的土建及其他小专业消缺工作。

要点2：控制保护设备安装调试过程环境管控。

（1）控制保护设备运输就位时，只拆除外运输包装板，外层塑料薄膜继续罩在屏柜上，当组立时才取下塑料薄膜，组立完成后立即用彩条布进行成排包裹。

（2）屏柜组立和电缆敷设完成后，拆除控制保护屏柜的防尘膜，进行屏柜电缆穿入和二次接线，在此期间不允许其他专业进入控制室作业，安排专人进行卫生清理，控制室内禁止堆放电缆头、电缆皮等。

（3）屏柜接线完成后，及时进行柜底封堵工作，并安排专人用吸尘器进行柜内卫生清理。

（4）控制保护屏柜及装置开始带电调试后应进行隔离，并悬挂带电标识，在分系统调试过程中，打开的柜应门应及时关闭。

要点3：验收及消缺过程环境管控。

（1）分系统调试完成后，需停运二次设备进行地面自流地坪漆、土建及其他小专业消缺验收工作，进行上述工作前，需对控制保护设备进行全密封包裹，保证灰尘不进入控制保护设备中。

（2）土建验收消缺完成后，及时进行控制室卫生清理，拆除包裹屏柜的保护膜，进行二次验收消缺工作。

【适用范围】

本经验适用于换流站直流控制保护设备安装。

【小结】

通过直流控制保护设备无尘化安装环境的控制，可有效地保证控制保护设备的洁净度，保证换流站监控系统的安全稳定运行。

经验3 500kV降压变压器采用电压法进行一次注流试验

【经验创新点】

某500kV站用降压变压器本体使用了套管式电流互感器，该种电流互感器无法按照独立电流互感器的方法进行一次注流试验，因此采用电压法，在低压侧绕组施加低电压，利用高压侧短路阻抗产生的一次电流，用来进行二次向量的测量和分析。

【实施要点】

要点1：开展试验前，首先应编制试验方案，根据500kV降压变压器的铭牌参数及现有试验设备的参数，计算电源容量、一次输出电流、二次测量电流。

要点2：选取合适的试验电源，选择合适的一次加压线，加压点，充分考虑安全措施，编制二次测量向量表，保护装置需要查看的差流值。

要点3：对测量的二次向量的分析，对可能产生的偏差的分析，达到测试极性的效果即可。

【适用范围】

本经验适用于换流站内独立变压器套管电流互感器的一次注流，达到整体验证变比和极性验证的目的。

【小结】

在变压器的高压侧短接，低压侧加入低电压，利用高压侧短路阻抗产生一次电流，通过该种方法，填补了独立变压器套管电流互感器无法一次注流的空白，避免了因极性错误造成的差动保护误动作，对确保一次性送电成功具有重大意义。

经验4 低压加压试验负载装置采用可变负载装置

【经验创新点】

通过改变外部接线实现换流站低压加压试验可满足不同阀塔厂家对最小触发电压和持续导通的最小电流计算出相应负载，并且可变负载装置轻便，在试验过程中减少现场接线，使试验流程标准化。

【实施要点】

通过计算项目研究内容的理论或者实践依据；以某±800kV换流站双极低端换流变参数和换流阀参数为依据，计算出不同触发角度下对负载电阻的要求（见表11-4-1），通过理论计算将负载按要求连接好，通过接线端子引出，现场实际试验时只需要将直流电压接在对应的接线端子上（接线方式见图11-4-1），并在负载箱上装用于负载冷却的风扇，减少电阻由于温度变化对阻值产生影响。

表11-4-1 不同触发角度下对负载电阻的要求

触发角	负载阻值 Ω	接线标识	组合方式
15°	750.0	A-G	两并七串加四并
30°	650.0	B-G	两并六串加四并
45°	450.0	C-G	两并四串加四并
60°	350.0	D-G	两并三串加四并

续表

触发角	负载阻值 Ω	接线标识	组合方式
75°	200.0	B-C/C-E/E-F	两并两串
90°	100.0	A-B/C-D/D-E	两并
/	50.0	F-G	四并

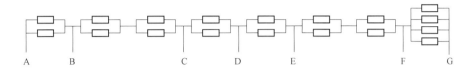

图 11-4-1　接线方式图

【适用范围】

适用于换流变压器低压加压试验时的负载。

【小结】

需在试验时根据触发角度下直流侧电压和持续导通的最小电流计算出相应负载，负载电阻阻值需要不断变化。通过可变负载装置，满足不同触发角度下直流电压下满足晶闸管级保持持续导通的最小电流，顺利完成低压加压试验。

经验 5　控制保护设备方舱设备现场应用

【经验创新点】

某±800kV换流站地处西北高寒高风沙地区，交流滤波器共计4大组16小组，控制保护设备安装工作量特别大，若按照常规设计、施工方式，会受天气和供货等因素影响，继而影响现场安装及调试的进度。因此在该换流站滤波场区，创新设计和使用了保护方舱代替保护小室，集约设计施工。主要创新点包括：

（1）保护方舱采用类似集装箱式设计，在工厂内完成每大组滤波器需安装的屏柜，方舱内按设计要求布置空调、照明灯、通风等设施，提高工作效率。

（2）保护方舱代替保护小室，无需在现场建设保护小室，有效避免了冬季严寒不利于土建施工的情况，节约现场建设工期。

（3）一体化设计施工，节约了空间，安装时整体吊装，安装效果整体美观，外观色泽均一。

【实施要点】

要点 1：保护方舱采用集装箱式设计理念，将滤波场1大组所需要的屏柜、内部配线等，集成在"大集装箱"——方舱中，并且根据设计要求，提前在工厂内进行屏柜安装、空调设备安装、照明安装等，节约了本应该在现场进行安装的时间，并且采用保护方舱代替建设保护小室，既可以避免冬季寒冷影响土建建设保护小室施工，又可以减少现场施工工作量，从而大大节约了现场建设宝贵的工期。

要点 2：保护方舱在现场采取整体吊装模式，在工厂内配置完成后，整体运送至现场，按图纸就位后即可开展外部电缆二次施工，并且可同时开展几组方舱施工，提高现场施工、调试效率。

【适用范围】

本经验适用于换流站工程的控制保护方舱整体的设备安装。

【小结】

保护方舱的设计体现了装配化的安装理念，不仅可以节约建设工期，并且无需在现场建设保护小室，避免了高寒地区不利于土建施工的因素，就位后即可同时开展外部二次电缆施工，大大节约现场宝贵的建设工期。

经验 6　换流变压器一次注流试验

【经验创新点】

换流变压器投运前，须进行一次注流试验以检验、检查保护控制系统电流回路接线的正确性，校核电流互感器变比及极性的正确性。

【实施要点】

要点 1：试验原理及试验条件。本试验原理是以一个阀组对应的 6 台换流变为单位进行，不拆除网侧绕组至 500kV 交流母线的引线，短接 Y-D 型换流变压器阀侧角型联结的绕组，在 Y/Y 型换流变压器阀侧绕组上施加 400V 的三相试验电压，通过换流变压器本身在其网侧绕组上产生感应电压，经 500kV 交流母线，施加到 Y-D 型换流变压器的网侧绕组上，使整个阀组对应的 6 台换流变压器的套管电流互感器上都有一次短路电流流过。

为保证试验顺利进行，做换流变压器注流试验前，需确认被试系统满足下述条件：

（1）完成与试验有关的换流变压器、电流互感器安装调试工作。二次系统接线正确、连接可靠；重点检查电流互感器二次回路不开路，电压互感器二次回路不短路，二次回路接地符合要求。

（2）完成与试验相关极控和保护设备单体试验，试验项目齐全，功能正确。控制保护系统、监控系统连接正确，设备间通信正常、交换信息正确，极控系统功能正确。

（3）换流变已调整到额定电压档位。

（4）各步骤试验设备摆放场地为硬化路面且均无影响试验进行的障碍物。

（5）断开与 500kV 交流母线连接反弓线，并做好防搭接的措施。

要点 2：本试验的现场接线，将自耦调压器输出端接入 Y/Y 换流变压器阀侧，短接 Y/D 换流变压器阀侧绕组。

要点 3：在现场试验负责人指挥下，完成下述检查确认工作：

（1）检查确认调压器已调整到"0"位。

（2）检查确认换流变相关二次电流回路完整，无开路现象。

（3）检查确认试验短路点已可靠短接，一次回路已可靠连接。

（4）检查确认换流变压器上方跨线至交流 GIS 区域的反弓线已拆除。检查确认阀侧与阀组连接断开。在现场试验负责人员指挥下，按照下述步骤完成测试工作：

1）合试验电源开关。

2）缓慢升高调压器，用钳形电流表测得输出电流达到计算值。

3）检查换流变压器无异常，检查阀厅被试设备无异常。

4）使用高灵敏相量表，检查换流变压器测量接口屏 A、换流变压器测量接口屏 B、换流变压器测量接口屏 C、阀组测量接口屏 A、阀组测量接口屏 B、阀组测量接口屏 C 等处电流回路电流的幅值、相位，并确认各差动保护极性的正确性，将试验结果记入试验记录中。

5）测量工作结束后，缓慢降低调压器电压至 0V，断开试验电源开关。并悬挂"有人工作，禁止合闸"标示。

6）拆除试验电源线。

7）拆除 Y/Y 换流变阀侧试验线。

8）拆除 Y/△换流变阀侧短接线。

9）拆除所有安全措施。

【适用范围】

本经验适用于换流变压器一次注流试验。

【小结】

本试验可以一次对阀组区域的 6 台换流变压器同时注流，使得以前需要 2 次才能完成的试验，仅 1 次即可完成，还避免了搬运仪器设备的过程。从阀侧绕组加压，较之从网侧绕组加压，可以将设备迁到阀厅中进行，减少了外界环境因素对试验本身的影响。不需要在换流变压器阀侧套管上安装试验线，降低了安全风险，节约了试验成本，减少对已安装设备连线的影响。

经验 7　三级风险智能监控车

【经验创新点】

受限于供电和网络情况，传统固定摄像头不能灵活的移动监控现场施工的三级风险。某换流站采用太阳能移动智能车每天跟踪监控在不同位置作业施工的三级风险。智能车由太阳能供电、气动升降杆、移动车、4G 球机等组成，可用人推或小型车辆快速运载到目标地点部署临时监控点，也可快速撤离现场，本产品无需使用有线电源和有限网络，无需安装施工可全自动长期运行。

【实施要点】

要点 1：智能车由太阳能供电、气动升降杆、移动车、4G 球机等组成。摄像头采用 4G 球机，配流量卡采取无线 4G 传输图像。

要点 2：摄像机内部安装 SD 卡，可以进行本地监控图像循环保存。

要点 3：经配置平台地址可以在公司大屏实时查看现场监控视频。电源采用 3 块可展开的太阳能板供电，可满足现场不间断监控需要。

要点4：智能车无需安装部署，将智能车推到施工风险点后展开太阳能板，调节好摄像头角度即可。

【适用范围】

本经验适合于现场短期风险的监控，适合无电源和网络情况下的监控。

【小结】

使用移动智能车对每天发生的施工风险进行监测可以有效地监测施工风险，避免固定摄像头安装和拆卸带来的工作量，既可节省施工费用，也可以有效、快速的部署实施。

经验8　直流场一次注流

【经验创新点】

直流场采用了大回路直流电流互感器注流的方法，将相关的直流电流互感器连成一个闭环回路进行注流。这种注流方式能够对阀厅、极线和中性线区域的直流电流互感器构成一个穿越电流，从而从一次、二次、软件全回路校验直流差动保护极性。

对所有有差动保护配置的保护主机进行录波，检查保护差动电流是否为零，为零则证明差动保护极性配置正确。

试验分模拟大地回线运行方式注流时，进行两次（一次通过极线电流互感器接地，一次通过滤波器首段电流互感器接地）、模拟金属回线运行方式注流两种方式注流。

【实施要点】

要点1：直流场电流互感器有光电流互感器、零磁通电流互感器和常规电流互感器三种形式，在一次大注流前，首先依据电流互感器配置图核对直流场电流互感器。

要点2：再对每个独立的互感器进行一次注流，验证互感器变比、极性和采样在保护、测量、录波、PMU等装置采样显示是否正确。

要点3：确认每个互感器结果正确后，分别模拟大地回线和金属回线两种运行方式，对阀厅、极线和中性线区域的直流电流互感器构成一个穿越电流，从一次、二次、软件全回路校验直流差动保护极性。

要点4：直流场围栏内直流滤波器一次注流按照接线图开展，注流记录表见表11-8-1。

表11-8-1　　　　　　　　　　直流滤波器一次注流记录表

保护项目	测点	差流	接线方式	备注
差动保护	P1.Z-T1、P1.Z-T2			
高压电容器接地保护、不平衡保护	P1.Z.Z1-T1、P1.Z..Z1-T2			
电阻过负荷保护	P1.Z.Z1-T5、P1.Z.Z1-T3			
电抗过负荷保护	P1.Z.Z1-T4、P1.Z.Z1-T5、P1.Z.Z1-T2			

【适用范围】

本经验适用于换流站直流场一次注流试验。

【小结】

通过一次注流方式从一次、二次、软件全回路校验直流差动保护极性，对所有有差动保护配置的保护主机进行录波，检查保护差动电流是否为零，为零则证明差动保护极性配置正确。

经验 9　分系统调试质量控制

【经验创新点】

换流站分系统调试复杂，施工前组织调试人员熟悉设计图纸，安排精通继电保护专业、远动专业、一次设备的人员为工作负责人，分区域分阶段对整个分系统调试工作进行细化，强化过程质量控制，提高分系统调试质量。

【实施要点】

要点 1：在分系统调试前，组织调试人员对图纸进行梳理，制定《保护调试质量控制卡》，细化分系统调试工作内容，制定"保护调试二次回路查线'红印章'"制度，编制《分系统调试方案》。

要点 2：在调试过程中，严格执行《分系统调试方案》《保护调试质量控制卡》"保护调试二次回路查线'红印章'"制度，使每一个端子的接线、每一个控制保护回路的检查都责任到人。

【适用范围】

本经验适用于换流站工程的分系统调试。

【小结】

通过分系统调试过程的管控，保证分系统调试质量，目前海南换流站双极低端及交流系统运行稳定。

经验 10　提高变压器电流互感器极性测试成功率

【经验创新点】

在进行变压器的电流互感器极性测试工作时，一般使用常规的"直流感应法"，即选用几节干电池串联后作为直流电源，在变压器出线与中性点加直流电压，加电瞬间，在电流互感器二次侧用指针万用表毫伏档测量，通过观察指针偏转方向来判断极性正确性。该种方法存在一定的测量误差，通过采用更大容量的蓄电池后效果明显，对极性判断提供很大的帮助。

【实施要点】

要点 1：在变压器电流互感器测试过程中，使用一个电量饱和且接头牢固的蓄电池，以及专业的测试线和线夹，确保一次接线牢固可靠。

要点2：表计选用合适量程，测试回路导通时间控制在2~3s，经多次测量并观察表计指针偏转情况，使测试准确率得到极大的提高，同时缩短了测试时间。

【适用范围】

本经验适合大容量、高电压等级的变压器电流互感器极性测试项目。

【小结】

此种测试方法简单有效，工器具选择方便快捷，普遍适用于变电站、换流站内变压器电流互感器极性测试项目。

经验 11　分系统调试工作带电前再次传动验证

【经验创新点】

分系统调试验收完成后，在启动带电前，施工单位需要进行启动前检查，启动前检查项目一般包括一次设备状态、二次设备及控保系统的状态、电流电压回路等。

在某换流站的启动前检查，增加了交流保护的最后一次传动验证，以及控保系统的最后断路器跳闸验证。此项工作由电气A包与运行单位相互监督，共同完成。

【实施要点】

要点1：交流保护的最后一次传动试验，要确保所有能出口的回路得到验证。具体包括线路保护、断路器保护、母线保护、高抗保护等保护出口传动试验。

要点2：控保系统的最后断路器跳闸，应涵盖所有直接跳闸的逻辑，且A、B、C三套系统均要验证。具体包括控保系统、换流变压器电量保护、非电量保护、换流阀控制、阀冷、紧急停运等出口传动试验。

要点3：在完成最后一次传动验证后，应做好安措防护措施，屏柜门锁定，严禁任何人触碰二次回路。

【适用范围】

本经验适用于特高压换流变工程各个阶段启动带电前的检查工作。

【小结】

特高压换流变工程各个阶段启动带电前进行最后一次传动验证，完善了启动前检查工作，施工单位、运行单位共同验证，相互监督，保障了启动过程和系统调试的顺利进行。

经验 12　换流站分系统调试要点

【经验创新点】

分系统调试是直流工程带电调试前最后一道检验关口，由于直流工程设备复杂、施工单位多、接口复杂，为保证分系统调试高质量开展，特梳理了换流站分系统调试要点。

【实施要点】

要点1：交流区域分系统调试。

（1）所有四遥回路都是按照两套独立运行。

（2）交流场与换流变压器、滤波器场存在相互闭锁、相互启动、跳闸、电压/电流等联络回路。一般交流场启动的时候换流变还没启动，投运前需要做好安全隔离措施。

（3）换流站监控后在有两套，分别在就地控制室和主控楼，核对四遥信号时不光A/B套要分开核对，就地和主控室后台也都要核对。

（4）室外设备机构到汇控柜部分是由具体施工单位负责，在汇控柜处存在一个施工接口及相互配合事宜。分系统调试前要求B包、C包把汇控柜到机构的二次线带电核查完毕，电气A包把室内二次设备单体调试完毕。室内到室外的二次电缆线，在分系统调试前进行不带电对线普查，对线能发现很多问题。三个条件都具备后进行分系统调试就会比较顺利。

（5）查回路的时候一定要查到设备根部，特别是电流、电压等重要的二次回路。

要点2：交流滤波器场区域分系统调试。滤波器场与交流场差异不大，增加了调平验、调谐和大回路注流三个试验项目。

（1）调平试验的依据是各电容器塔厂家的技术文件，调谐试验的依据是成套设计院计算的理论频率值。

（2）大回路注流就是把交流场的2个电流互感器、滤波器首端电流互感器和尾端电流互感器联成一个回路通流，考验的是滤波器保护的各差动保护电流极性正确性。

要点3：换流变压器分系统调试。换流变压器是阀控与交流连接的纽带，既与交流部分有联络，又与控保部分有联络。

（1）换流变压器的施工接口在汇控柜，电气B包、C包的调试质量直接影响分系统调试。风冷PLC逻辑、Box-in风机控制、换流变在线监测等相关独立系统由电气B包、C包完成，电气A包要跟踪进度。

（2）换流变压器一次注流试验作为所有分系统调试完毕后的检验性试验，一般放在启动前2~3天做，做完一次注流试验就要把所有换流变压器作为成品保护起来。

（3）重点关注换流变压器阀侧套管SF_6压力低跳闸、重瓦斯跳闸等重要的非电量信号回路的相关试验。

要点4：换流阀分系统调试。主要包含光纤衰耗测试、阀基电子设备试验、阀控与控保联调试验、门禁系统调试、穿墙套管分系统调试、阀厅接地刀闸分系统调试、阀低压加压试验。

（1）阀基电子设备试验和阀控系统联调这两个试验是由阀厂家完成。阀基电子设备试验的前提是光缆没有问题，水冷系统运转正常。

（2）低压加压试验是检验换流变压器、换流阀一次连接正确性，检验换流阀导通顺序的重要试验，一般放在整个阀厅所有试验、验收完成后进行。

（3）重点关注穿墙套管SF_6压力低跳闸等非电量信号相关的试验。

要点 5：直流场分系统调试。主要包含刀闸、断路器、常规电流互感器、零磁通电流互感器/光电流互感器及直流分压器分系统和大回路注流试验。

（1）分系统调试与直流控保的接口在接口屏的端子排，需要保证外回路的正确性，要把每一个信号在系统中各个应用点全部核实。

（2）断路器控制原理与常规有所不同，所有跟断路器有关系的遥控、信号都是直接进断路器机构。最大的不同在于中性线 NBS 断路器是双机构，普通断路器要实现"分—合—分"的顺序控制，NBS 要实现的是"合—分—合"的顺序控制，一个流程里有两次合闸，所以需要两个储能机构，一定要搞清楚两个机构之间的闭锁原理和控制方法。

（3）常规电流互感器调试，全部是交流单相电流互感器，两根线接测量接口柜，这种接线方式很容易把头尾弄反，校验极性的时候要特别注意。常规电流互感器的变比都是不一样的，一次注流时特别注意其额定电流，注入的电流不能大于其额定值。

（4）零磁通电流互感器/光电流互感器调试，一次注流前分清楚直流电流互感器和交流电流互感器，所有主回路上的电流互感器都是直流的，滤波器的电流互感器都是交流的。对于直流电流互感器在注流时就能判断极性与图纸是否一致，对于交流光电流互感器只有进行大回路注流时相关的几个电流互感器放一起比较其极性关系。

（5）直流场电流互感器注流流程是先单个电流互感器注流，判定所有测量点采样都正确，再进行大回路注流，大回路注流是比较各个电流互感器的极性关系。大回路注流主要有以下几个方式：①极 1 滤波器进出的 3 个光电流互感器串联起来注流；②极 2 滤波器进出的 3 个光电流互感器串联起来注流；③极 1 极主回路光电流互感器和零磁通电流互感器一直到接地极零磁通电流互感器串联起来注流；④极 2 极主回路光电流互感器和零磁通电流互感器一直到接地极零磁通电流互感器串联起来注流；⑤中性线光电流互感器、站内接地极光电流互感器和零磁通电流互感器串联注流；⑥中性线光电流互感器、金属回线光电流互感器和零磁通电流互感器一起注流。所有大回路注流的目的都是联合判定各电流互感器极性的正确性。

（6）直流分压器一般是通过小信号的方式采集。可以进行二次通压，由于小信号数值比较小，很小的误差容易造成比较大偏差，二次通压和一次加压结合起来判断回路正确性。

要点 6：辅助系统调试。辅助系统相关工作都是厂家完成，要把整个辅助系统的进度纳入施工单位的分系统调试内，整体协调管理。

【适用范围】

本经验适用于换流站工程的分系统调试。

【小结】

分系统调试过程中，总负责人要重点关注各区域的接口部分的二次回路，防止漏项。换流站分系统调试责任很大，所有的归口都在电气 A 包。换流站分系统调试的工作量很大，交流部分所有测控都是两套，控保部分的接口装置都是三套，保护也是三套。这就需要所有调试人员以严谨的态度来面对分系统调试工作。

经验 13　交直流法在换流变压器有载开关试验中的使用

【经验创新点】

常规的变压器有载分接开关试验采用直流法测试有载分接开关的过渡时间、过渡电阻、过渡波形等参数，缺乏对变压器有载分接开关切换过程中的三相电流波形的检测，采用有载分接开关测试仪对换流变的有载分接开关进行试验，既可以用直流法测试，又可采用交流法同步记录变压器有载分接开关切换过程中的三相电流波形。

【实施要点】

要点 1：直流法测试有载分接开关的过渡时间、过渡电阻、过渡波形等参数精确测量。

要点 2：交流法同步记录变压器有载分接开关切换过程中的三相电流波形，形象直观真实的反映有载分接开关的工作情况，并且对三相同期性和桥接时间等重要参数给出分析数据。

要点 3：有载分接开关测试仪配备笔记本电脑和专用软件，软件具有记录、分析、存储、对比和生成报告等功能。

【适用范围】

本经验适用于具有有载分接开关的变压器进行有载分接开关试验。

【小结】

在用直流法试验保证过渡波形、过渡电阻等试验数据合格的基础上，采用交流测试记录变压器有载分接开关切换过程中电流波形，为换流变压器有载分接开关试验的准确性和精确性提供更有力的支持。

经验 14　交流场信号回路串电问题排查方法

【经验创新点】

某换流站遥信回路设计为双套。由接口屏 A、接口屏 B 分别提供＋55V 直流电公共端至两套单独的信号结点。接口屏正面设有每个信号的指示灯，灯亮表示信号常发。

现场调试时无意间发现接口屏 A 套遥信电源断电后，屏内某灯仍然常亮，测量发现信号端子带正电。仔细排查后还发现，有时会出现接口屏 A 套遥信电源已断，而公共端仍然有正电的情况。

【实施要点】

要点 1：使 A、B 套信号常发，观察 A、B 套信号灯亮，断开 A 套遥信电源，观察 A 套信号灯应不亮，B 套信号灯应常亮，测量 A 套接口屏公共端及所有信号端子应不带电；恢复电源，回到初始状态。

要点 2：断开 B 套遥信电源，观察 B 套信号灯应不亮，A 套信号灯应常亮，测量 B 套接口屏公共端及所有信号端子应不带电；恢复电源，回到初始状态。

【适用范围】

本案例适用于所有双套配置的信号回路的检查，在特高压换流站中尤其重要，例如接口屏系统、换流变非电量系统、控制保护系统等。

【小结】

尽管校验串电过程复杂麻烦，还需要把所有信号置1，但其必要性不言而喻，由于变电站投运后不再提供便利的条件查串电等问题，此类问题应尽早发现问题，尽早处理，避免后期返工。面临较为特殊的设计，需要仔细核对图纸，找到差异点，设想可能遇到的问题和难点，做好技术上的准备。

经验 15　直流场隔离开关分合闸动作时间验证

【经验创新点】

利用监控后台的遥控操作，通过后台事件，计算出从遥控命令发出，至分位（合位）消失，至合位（分位）产生所经历的时间，反复试验3次，得出记录表。

【实施要点】

要点1：在监控系统的A/B系统，分别进行遥控合闸、遥控分闸三次以上；将分合过程中监控后台的事件列表记录并保存。

要点2：将隔离开关（断路器）的分位（合位）消失的时刻，减去遥控合闸（分闸）命令发出的时刻，即得到控保系统总线的用时。

要点3：将隔离开关（断路器）的合位（分位）产生的时刻，减去分位（合位）消失的时刻，即得到隔离开关（断路器）的现场合闸（分闸）用时。

【适用范围】

本经验适用于换流站内直流场、滤波场、交流场所有隔离开关、断路器的分合闸时间的验证，以满足控保系统的要求。

【小结】

直流控保系统的顺控逻辑中，对直流场断路器及隔离开关的分、合时间有相应要求，实际分、合时间一旦超出控保系统的要求值，就会判别为故障状态，顺控即停止执行。

在本工程通过该测试，一方面验证了隔离开关和断路器多次分合用时的稳定性，一方面验证了是否符合控保系统的时间要求。

第十二章 滤波无功设备及二次设备

经验 1 电流互感器现场标定校核经验

【经验创新点】

柔性直流断路器采用全光纤电流互感器，一次部分和二次部分是分装运输的，现场安装时需要将一次部分光纤和二次采集器光纤重新熔接，而且重新熔接之后电流互感器准确度需要标定校核。

标准电流互感器通过导线连接待测电流互感器一次部分，调压器可以调节施加的电流大小，标准二次电流通过导线接入校验仪，同时待测电流互感器二次部分通过光纤接入校验仪，数据经过解析后与标准电流进行比较，校验仪可以实时显示比差、角差等数据，厂家通过调整电流互感器二次采集器系统定值来使电流互感器准确度满足标准要求。

【实施要点】

要点 1：现场需要标定多台电流互感器，应注意每台电流互感器一次部分接线要极性一致。

要点 2：由于电流互感器一次部分在断路器系统中接线较复杂，应注意电流施加在待测电流互感器两端，将其他回路断开，不要有分流。

要点 3：测试系统中标准电流互感器二次回路有较高电压，注意不能开路。

【适用范围】

本经验适用于换流站电流互感器现场标定校核。

【小结】

对电流互感器现场标定校核优化，保证工程质量。

经验 2 电抗器防雨帽均压屏蔽装置设计经验

【经验创新点】

根据特高压设备的制造与试验经验，直流限流电抗器如果不加电场屏蔽装置，金属端架的尖端效应必将产生可见电晕，对附近通信设备产生具有白噪音特点的无线电干扰。因此，电抗器两端加装大曲率半径的电场屏蔽装置是十分必要的。

【实施要点】

（1）防雨帽的金属支撑杆以及拼接部位的连接螺栓都是电场集中比较突出的地方，容易出现电晕问题。为此，极母线侧直流限流电抗器防雨帽外面需要装配多圈非闭合的电晕环。

（2）根据仿真计算结果，采取屏蔽措施后，电场强度集中的位置基本上都在电晕环表面，在最大运行电压下，最大场强为9.91kV/cm，远低于空气电晕起始场强30kV/cm，而线圈表面的场强比较低并很均匀（1.9kV/cm）。

【适用范围】

本经验适用于换流站电抗器防雨帽均压屏蔽装置的设计优化。

【小结】

对电抗器防雨帽均压屏蔽装置优化设计，保证工程质量。

经验3 高空接线钳在交流滤波场中的使用

【经验创新点】

交流滤波场的电抗器、电阻箱及避雷器等需要登高的设备试验应用高空接线钳，且将电流、电压线在高空接线钳处分开进行试验，既可以减少登高的工作，保证人员安全、节约试验时间、节省人员开支，又能提高试验精度，保证数据的准确性。

【实施要点】

高空接线钳具有操作简单、钳口开口尺寸大、夹力大、钳口角度大等特点，可满足不同接线位置不同角度、不同厚度、不同直径、高度在8m以下的测试或检修接地的接线工作。

要点1：通过推、拉专用操作杆，即可使钳口自由开合。

要点2：动、定钳口之间有钳牙，埋有钢针，能轻松夹破测试点的氧化膜。

要点3：电流、电压接线在钳口处分开接线。

【适用范围】

适用于交流滤波场高度在8m内的设备进行精确度符合要求的高压试验。

【小结】

高空接线钳的使用，使得交流滤波场高压试验的效率大大提高，在进行电抗器、电阻箱、避雷器等一些需要爬高且需要一定精度的设备试验时采用高空接线钳，既能减少高空作业，保证安全，又能保证试验结果的精确性。省时、高效、节约成本。

经验4 交流滤波场悬吊式单跨管母线两端增加管母线配重金具

【经验创新点】

交流滤波场悬吊式管母线由于采用大口径管母线，自重大，且单跨管母线两侧挂点距离管母线端部距离近，单跨管母线安装后中间部位挠度过大、不美观。针对悬吊式单跨管母线安装，根据管母线重量和两侧挂点距离，在管母线两端安装相应数量的管母线配重金具，以进行安装后对管母线自重的平衡，保证管母线安装后工艺美观。

【实施要点】

要点 1：管母线配重金具安装前，待管母线连接跳线、设备引下线等全部安装好后，使用卷尺分别固定于管形母线夹具及管母线中心处垂下。

要点 2：配重块安装时使用水平仪观测每个卷尺的读数，直到管母线基本水平为止，并通过花篮螺栓及调节金具对管母线平直度进行调整，直到每根管母线的轴线基本在一条直线上。

要点 3：配重金具中配重铁数量和规格应根据管母线尺寸和实际管母线挠度进行调整。

【适用范围】

本经验适用于换流站工程交流滤波场悬吊式管母线安装施工。

【小结】

通过设置管母线配重金具，能够保证管母线安装结束后母线平直，端部整齐，挠度＜$D/2$（D为管母线的直径），管母线三相平行，相距一致。跳线走向自然，三相一致。

经验 5　直流断路器二次控制系统通信光缆优化及布置经验

【经验创新点】

某工程直流断路器的二次控制系统中，每一台均配有十面控制保护接口屏柜，且每个屏柜都直接通过光纤与直流断路器本体通信。在光缆敷设至屏柜时，一般采用光缆靠屏柜同一侧的方式进入屏柜内部。由于直流断路器本体有大量光缆需要引到屏柜内，空间限制明显，不宜使用光纤收纳盒和理线槽处理方法。

【实施要点】

要点 1：优化方案通过采用网架平铺方式将光缆引入屏柜的左侧，依据光缆对应的本体类别依次与装置接口进行相应分类排列和固定。

要点 2：二次系统的控制柜包括电流采集光缆、转移支路智能组件通信光缆、转移支路光接口单元通信光缆、主支路驱动柜通信光缆和对上的直流控制和保护装置通信光缆等；光接口单元和保护单元主要有 IGCT 通信光缆、与控制柜通信光缆、电流采集光缆等；光缆全部布置到屏柜的左侧，与外部电缆分开。这种分类平铺式光缆布局，既能保护光缆，又美观且方便维护和检修。

【适用范围】

本经验适用于换流站直流断路器二次控制系统通信光缆优化及布置。

【小结】

对直流断路器二次控制系统通信光缆进行优化，保证工程质量。

经验 6 变压器电流互感器极性测试

【经验创新点】

对已组装好的变压器，测试其套管式电流互感器的极性存在着较大的困难，现行的干电池测试方法，较大容量的变压器当套管安装完毕以后，由于变压器线圈具有很大的电感。利用"直流感应法"无法测试套管式电流互感器的极性（对于容量 240MVA 以上的变压器，即使用 24V 直流电压也测不出来，若继续升高电压，变压器规程不允许）。直流感应法测量不准确、测量难，针对这一情况，提出了一种简易实用的新方法。在实际工作中，利用将变压器高压侧 A、B、C 三相套管引出线短路起来消除变压器线圈合成磁通方法，对变压器高压侧 A、B、C 三相套管引出线和中性点引出线之间 加 1.5V 的直流电压来测试电流互感器的极性。这种"消除电感作用测量法"经实践证明，测量结果准确无误，给工作带来了很大方便。

【实施要点】

要点 1：在现场条件允许的情况下，测量电流回路数据之前首先详要细了解电流互感器的基本情况：各个绕组的使用变比、准确级（确定是否与所接二次设备相匹配）；一次极性端 P1、P2 的所在位置，二次极性端 S1（K1）、S2（K2）的引出情况等。若确定不了两侧绕组接法，须做极性试验来确定，极性试验的方法一般采用直流法，按规定进行接线：电流互感器一次侧加直流蓄电池，二次侧接电流指针表。试验时若开关 S 闭合瞬间电流表指针正偏转，则两侧绕组极性为减极性，若指针反偏转则为加极性。电流互感器有所谓加极性的标示方法。从电流互感器一次绕组和二次绕组所标的同极性端来看，电流 i_1 和 i_2 的流向是相反的，即一个流进，另一个流出，这样的极性关系，称为减极性，反之称为加极性。一般采用减极性标示方法。

要点 2：三相线圈短路后对中性点加电，可使各项产生的磁通链相互抵消，从而消除线圈的自感电动势，达到增大回路电流的目的。假设变压器铁芯截面处处相等，每项的漏磁通为零，这样 A、B、C 三相线圈通过的电流是相等的，电流产生的磁通链也是相等的，最终表现在每一项上的磁通链为零，自感电动势也就为零。因此，外加电压无需克服自感电动势的影响，整个回路可以理解为一个纯电阻电路。$I=U/R$，R 为三个线圈的并联电阻和电源内阻之和。这个电流的大小只取决于电源电势和回路电阻的大小，电流值要比单向线圈加电时大得多。由于一次电流的增加，电流互感器二次的感应电势也相应增大，因此，从测量表计上可以准确地判断互感器极性。

【适用范围】

本经验适用于所有变压器套管电流互感器极性测试。

【小结】

采用"消除电感作用测量极性"的方法，解决了当前变压器套管与变压器本体组装后，测量套管式电流互感器极性的问题。这种方法准确可靠、简单、宜行，从操作程序上与"直流感应法"没有差别，适用于有中性点引出的各种变压器。采用"消除电感作用测量极性"的方法从原理上保证了继电保护的正确动作，为继电保护对极性要求提供了可靠依据，杜绝正常运行后发生区外故障时零序差动保护误动作，防止电网事故范围扩大。

第十三章 其　　他

经验 1　采用全站仪测量确定管母线高差

【经验创新点】

采用全站仪测定管母线高差，测量便捷且准确，节约人力、物力，提高了工作效率，避免高空坠落的风险。提前订购特制金具，为金具生产提供足够时间。

【实施要点】

要点 1：用全站仪测量设备支架上平面与地面的高度，以最低的支架为基准，计算其他支架的高差。其高差与蓝图的支架设计高差进行对比。对比结果的差值，确定特制金具的尺寸。

要点 2：根据对比结果的差值，要求厂家生产。因金具为通用模具，如差值在 10～20mm，可以加装 5、10、20mm 垫板解决设备、支架产生误差。

【适用范围】

本经验适用于换流站工程的管母线安装。

【小结】

管母线安装前期特制金具高差的测量，采用全站仪测量，比较便捷、准确，减少高空作业，避免交叉作业。

经验 2　高土壤电阻率情况下全站主接地设计

【经验创新点】

某换流站工程位于山丘顶部，土壤电阻率高，根据故障时入地电流参数得到接地电阻的上限值。采用"水平接地网＋垂直接地体＋接地深井"复合立体地网，利用接地设计软件（CDEGS）优化接地网的设计，校核接地网的接触电位差与跨步电位差，保证人身安全。某换流站主接地网接地电阻仿真计算值为 0.21Ω，现场实测值为 0.2Ω，实测值与仿真计算值几乎相同。在保证安全性的前提下，大大提高了经济性。

【实施要点】

要点 1：采用 Wenner 四极法进行土壤电阻率测量，电阻率测量极间距应不小于换流站对角线长度。

要点 2：准确计算最大入地短路电流。

要点 3：采用 CDEGS 软件建立合理有效的土壤分层模型确保接地设计参数的准确性。

【适用范围】

"水平接地网＋垂直接地体＋接地深井"复合立体地网适用于浅层电阻率高、深层有地下水的站址条件。

【小结】

根据当地实际地质条件合理选择降阻措施。

经验 3　接地网放热焊施工经验

【经验创新点】

换流站全站主接地网焊接工艺良好，焊接头表面光滑、无气泡。防腐涂刷均匀，长度达到规范要求。

【实施要点】

要点 1：焊接模具的选择。放热焊接需使用特制的模具作工具，此模具用耐高温的石墨材料加工制成。根据所要熔焊的焊接接头不同形状选择不同的模具。

要点 2：焊接材料厂家选择及材料到场验收。依据设计要求选择符合要求的焊接模具厂家和焊接药材厂家。焊接材料到货验收时，有两个问题特别重要，一是焊材供应商提供的配套工具数量、规格是否符合现场施工要求，认真检查易损、易耗工具，如点火枪、熔接剂、引火粉等，石墨模具的性能是否完好；二是要求供应商提供不同标号熔接剂所适用的接头形式清单，以便焊接施工人员实际操作时能有效控制熔剂用量，同时还避免了原材料的浪费。

要点 3：焊接材料、模具的保管。专用工具、焊材进入现场后，保管过程中的重点问题是防潮。焊接母材、模具可以在施工过程中烘干处理，熔接剂、引火粉必须保证始终干燥，一定要放置在干燥、通风的库房中，并定期检查。

要点 4：放热焊施工工艺流程。每次开工前用加热工具干燥模具驱除水汽（超过 8h 以上模具内会有水汽凝结，因此每天早上开工前都要加热模具）。并把模具夹夹装到模具上。清洁模具使用软毛刷或其他软性物品。检查模具接触面密合度以防作业时铜液渗漏。将需焊接的接头处加热干燥除去水汽及氧化层，否则热焊接过程中会产生大量的水汽，对焊接接头引起气孔等缺陷。将清除干净的导体、接地极、接地铜绞线置于模具槽内并用模具夹夹紧。

要点 5：把焊药盒装入反应腔盖上模具盖。

要点 6：连接电子点火枪。疏散人员按压点火按钮点火。

要点 7：待放热焊药的反应完毕后约 10～20s 即可开启模具并清洁模具以备下一次的使用，一个完整的熔接头即制作完成。

要点 8：检查焊接点质量做记录，焊接必须牢固无虚焊、假焊。

【适用范围】

本经验适用于换流站工程的主接地网及设备接地施工。

【小结】

通过选用正确的焊接模具，实施焊接材料的严格检查，正确执行焊接工序，实施全部隐蔽工程进行旁站，有效保证了换流站主接地网焊接施工质量。

经验 4　预防交直流端子接头发热的控制措施

【经验创新点】

在设备图纸确认阶段以及金具选择或图纸确认阶段，严格控制设备端子和金具接触面的电流密度，从源头上控制交直流端子接头发热问题。

【实施要点】

要点 1：仔细核算每一个端子接头的载流量要求和接触面积，从而控制端子接头的电流密度，其中接触面积的计算要注意减掉端子板安装孔的面积。

要点 2：对于直流部分的接头端子，按照《换流站接头端子标准化设计指导书（试行）》中的相关控制规定执行。

要点 3：对于交流部分的接头端子，按照《导体和电器选择设计技术规定》（DL/T 5222—2005）中的相关控制规定执行。

【适用范围】

本经验适用于换流站内交直流端子接头尺寸的核算。

【小结】

按上述方法，在设计阶段对换流站内每一个交直流接线端子进行仔细核查，能够在源头上有效控制特高压直流换流站端子接头发热问题。

经验 5　焊烟净化器在 20kV 离相封闭母线焊接施工中的应用

【经验创新点】

某工程 20kV 离相封闭母线焊接采用是氩弧焊，使用焊烟净化器能有利于建立良好的焊接环境，减少焊接工和操作工暴露在有害烟尘下的风险、对于提高劳动生产率起着决定的作用，有效减少焊接完成后离相封闭母线清洁量，同时达到保护环境，保护作业人员身体健康的目的。

【实施要点】

在焊接过程中，合理布置焊烟净化器，保持吸尘口到焊枪口距离，调整适应的风量，不会对焊接产生质量影响，同时保证焊接产生的固体颗粒物、各类粉尘、烟尘及各种硫、氟等有害化合物能得到有效的排除。

要点1：选用灵活，适用于离相封闭母线安装平台上摆放的焊烟净化器。

要点2：保持吸尘口到焊枪口距离，调整适应的风量，保证焊接质量。

要点3：焊烟净化器有效清除焊接产生的固体颗粒物、各类粉尘、烟尘及各种硫、氟等有害化合物，人员有效作业，提高作业效率。

要点4：使用焊烟净化器，导体焊接完，基本无残留固体颗粒物、各类粉尘及烟尘，便于清理离相封闭母线，保证离相封闭母线安装质量。

【适用范围】

本经验适用于换流站工程的调相机离相封闭母线焊接施工。

【小结】

在离相封闭母线焊接中，利用焊烟净化器作业施工，改善了作业环境，焊接产生的固体颗粒物、各类粉尘、烟尘及各种硫、氟等有害化合物得到了有效的治理，同时使用焊烟净化器作业效率高、噪声低、使用灵活、占地面积小，为作业人员提供了良好的作业环境，在保证作业人员身体健康和减少环境污染量的基础上促进了工期目标顺利达成，也为焊接过后封闭母线的清理做了良好的铺垫，是离相封闭母线后期试验与投运后长期安全运行的稳定性关键一环。

经验6　绝缘脚手架在邻近带电体作业中的使用

【经验创新点】

低运高建是换流站施工中经常遇到的作业环境。邻近带电体作业，安规明确要求不得使用金属梯子等金属制品，绝缘脚手架能够有效避免各种感应电，尤其是电磁感应电。本次采用的绝缘脚手架还具有轻质、可移动的优点，特别适合在换流变压器广场上进行施工作业。

【实施要点】

要点1：绝缘式脚手架搭设应牢固、可靠，各连接螺栓应紧固牢固。

要点2：搭设层数超过2层时，应展开底层抛撑杆。

要点3：搭设层数超过3层时，上层应有固定措施。

要点4：绝缘脚手架搭设完成使用前需经过监理单位验收。

【适用范围】

本经验适用于临近带电体施工。

【小结】

绝缘式脚手架的应用确保的在临近带电体作业中作业人员的安全，同时轻质、可移动的优点与传统金属组合式脚手架相比，大大提供了作业效率。

经验7 控制电缆敷设防低温措施

【经验创新点】

某换流站地处我国北部高纬度地区，年温差大、极寒气温能达到−40℃，因此电缆采购及敷设都需要进行特殊处理。在电缆采购上，要求供货商提供合格的耐低温电缆，防止线芯热胀冷缩而开裂；在电缆敷设过程中，固定支架上的电缆应留有一定裕度，所有电缆不能放置与地面上。

【实施要点】

要点1：电缆采购需使用耐寒电缆，线芯的绝缘层需采用耐寒防冻，耐伸缩的材质。

要点2：电缆敷设过程中应留有足够的裕度，防止电缆外皮因热胀冷缩而开裂。

要点3：所有敷设于电缆沟、半层及静电地板下方的电缆均需要采用支架固定，不能在地面上，防止地面积水结冰而导致电缆冻坏。

【适用范围】

本经验适用于高纬度极寒地区换流（变电）站电缆采购及敷设。

【小结】

通过某换流站耐寒电缆的采购及敷设，有效避免了极寒地区因电缆采购及敷设施工产生影响换流站安全稳定运行，目前某站运行良好。

经验8 施工图纸优化管理系统

【经验创新点】

应用施工图纸优化管理系统可以解决人工记录发放图纸耗时耗力，图纸查找困难，图纸发放版本错误、漏发、遗失等问题。

【实施要点】

要点1：软硬件设施如下。①软件：进销存管理系统及产品秘钥。②硬件：扫描枪1把、条形码打印机1台、小票打印机1台、货架10套。③耗材：条形码打印纸2盒，小票打印纸2筒，图纸盒700个，图纸收纳箱200个。

要点2：图纸入库管理。①设计交付图纸后，在设计签收单上签字，明确图册名称及数量；②将收到的图纸录入系统，录入信息包括图册检索号、图册名称、摆放位置、条形代码等；③根据录入信息，生成条形码；④条形码打印后粘贴于每套图纸袋上、图纸盒及图纸收纳箱上。

要点3：上架管理。①货架编号：货架共分为ABCDE 5排，每排分为1、2、3、4层，每层划分为1～8位置。例如A1-1表示位置为A排架第一层第1图纸位。②图纸上架原则：一是每册图纸装盒1套，放置于每排货架第一层，便于日常查阅；二是剩余图纸装入收纳箱内，放置于盒装图纸对应下层位置，用于发放各单位。③已录入系统的图纸按系统内位置上架。

要点4：出库管理。①用图单位领用图纸时，首先在系统内查询图纸位置；②根据数量需要，图纸管理人员进入仓库取图；③采用扫描枪扫描领取图纸的条形码，系统内选择领取单位，并确认领取数量；④打印小票，由领图人签字；⑤保存小票。

要点5：日常维护。①图纸有升版、替换等应及时录入；②图纸会审后，应及时根据会检纪要在系统内标准；③新图到达后，及时在群内通知相关单位领图；④定期导出图纸入库、出库信息汇总表。

【适用范围】

本经验适用于换流站工程的施工图纸管理。

【小结】

（1）使用图纸管理系统，具有优点：①规范化图纸管理。所有图纸上架，图纸室整洁，图纸不易丢失；②流程规范，使得所有图纸管理步骤都能留下操作痕迹。

（2）提高图纸管理效率。根据前期设计院提供的图纸目录，可一次性完成位置编辑。后期查找图纸方便迅速。系统中预设所有收图单位，发图时，不用再手写登记，节省人力。

（3）保证图纸版本有效性。新图到达后及时录入系统，录入时发现重名图纸时及时鉴别最新版，可保证图纸有效性。

经验9 换流变压器 Box‐in 与套管间隙控制、防发热、防感应电流

【经验创新点】

换流变压器 Box‐in 与套管间缝隙控制在 3cm 以上，缝隙处进行打胶处理；Box‐in 板间使用跨接地线进行连接，连接处清除表面绿漆。施工工艺美观，且有效防止 Box‐in 与套管处产生感应电流、发热等现象。

【实施要点】

每台换流变压器 Box‐in 施工过程中，要根据现场网侧套管、中性点套管尺寸、定位进行现场放样，并扩大开孔尺寸使得间隙满足 3cm 的要求，并保证切割成型的间隙呈平滑的圆弧。

【适用范围】

本经验适用于换流站工程的 Box‐in 施工。

【小结】

通过应用以上工艺措施，控制 Box‐in 与套管间隙并增强地线布置的可靠性，有效解决了 Box‐in 与换流变压器套管间隙不足、跨接不可靠的施工问题。有效保证了换流变压器 Box‐in 降噪的正常功能，消除了感应电发热与接地不牢的施工隐患。

经验 10 阀厅电缆敷设优化设计

【经验创新点】

某站阀厅内电缆敷设对光纤、二次电缆和一次电缆规划了不同的敷设路径。设置独立的光纤槽盒，安装在阀厅上层钢结构上，充分利用钢结构结构件的特点，并优化光纤槽盒路径，光纤槽盒设置于阀塔附近，光纤通过光纤槽盒进入主辅控楼。二次电缆槽盒同样设置于阀厅上层钢结构上，围绕阀厅四周敷设。一次电缆通过穿管沿阀厅侧壁敷设引下，通过阀厅地面设置的槽盒进入与预留的电缆竖井，通过电缆沟进入主辅控缆一层的配电室。通过合理的路径规划，避免了不同类型电缆的共沟（槽盒）敷设的问题，同时槽盒具有耐火性能，大大降低了火灾的危险性。

在电缆桥架、电缆槽盒内敷设的缆线在引进、引出和转弯处，敷设长度上留有余量。线路采用钢管、PVC管、电缆梯架或电缆槽盒敷设时，采用支架固定，实现线缆敷设的抗震要求。同时采用F6D槽式高强铝基复合轻质槽盒，实现槽盒的大跨度敷设。

【实施要点】

要点1：对光纤、二次电缆和一次电缆规划了不同的敷设路径。

要点2：通过合理的路径规划，避免了不同类型电缆的共沟（槽盒）敷设的问题。

要点3：槽盒具有耐火性能，大大降低了火灾的危险性。

要点4：通过采取留余量、加支架等措施实现线缆敷设的抗震要求。

要点5：采用F6D槽式高强铝基复合轻质槽盒，实现槽盒的大跨度敷设。

【适用范围】

本经验适用于所有常规直流工程的阀厅内电缆敷设。

【小结】

从电缆路径和敷设方式的方案规划开始，就将隔离、防火、利用结构构造、应用轻质高强槽盒材料等通盘考虑，以取得最优效果。

经验 11 扩径导线压接工艺改进

【经验创新点】

压接后的耐张线夹表面六边形光滑，无棱角及毛刺，工艺美观。

【实施要点】

压线钳压线期间，给耐张线夹上缠绕两层薄膜，这样就直接隔离了耐张线夹与压接模具的直接接触，保证压接后耐张线夹的表面六边形光滑，不产生棱角及毛刺，使工艺更加美观。

【适用范围】

本经验适用于换流（变电）站工程的扩径导线压接。

【小结】

耐张线夹上缠绕两层薄膜后压接，有效防止产生电晕的效果，同时也保证了施工质量。

经验 12　采用接地斜井对特高压主网接地系统优化

【经验创新点】

本工程采用斜接地极与垂直接地极结合的方案，斜接地极深度 60m，垂直接地极深度 80m，示意图如图 13-12-1 和图 13-12-2 所示。

斜接地极的优点：起到深井接地极的作用，且斜接地极相互之间的屏蔽作用比垂直接地极小得多；在无需额外征地的情况下斜接地极能起到等效扩大接地网面积的作用；斜接地极与地面的夹角可以根据站址周边底下设施的情况调整，使用兼具灵活性。

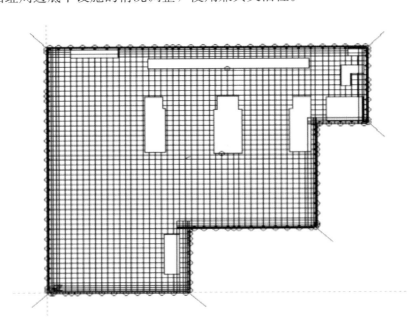

图 13-12-1　某换流站垂直接地极布置示意图

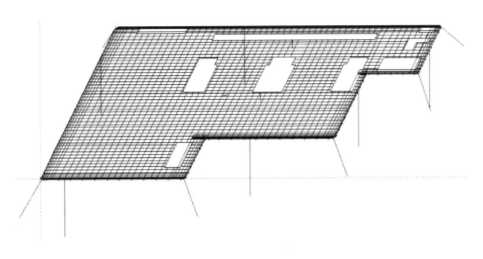

图 13-12-2　某换流站斜接地极布置示意图

【实施要点】

要点1：斜接地极与垂直接地极须由有相关资质的施工单位施工，在施工过程中由于站址的填方区的土方不能有效自稳定、容易塌孔，设计采用DN150热镀锌钢管作为钻孔护壁材料，大大有利于接地深井施工与实现。

要点2：全站设置接地检查井，均采用防爆材料，提升接地检查井施工过程中的可靠性，降低施工风险，保障后期运行人员的安全。

【适用范围】

本经验适用于变电（换流）站站址的土壤电阻率较大（表层土壤电阻率超过1000Ω·m）、常规降阻方案不满足接地电阻、跨步电位差、接触电位差等要求的情况。

【小结】

换流站接地系统是一项系统工程，在常规方案不能满足相关规范以及安全要求的情况下，可增加深井接地极的设置。同时，可在施工过程中增加一些额外的措施，以达到安全施工、可靠施工的目的。

经验13　换流站全站采用不锈钢围栏

【经验创新点】

全站围栏采用不锈钢材质。不锈钢围栏强度良好、抗腐蚀性能优越、整体效果美观，在露天的自然环境下，可长期保持顺直不变形、不变色、不锈蚀。

【实施要点】

要点1：将立柱置于复测后的定位放线位置上；把不锈钢膨胀螺栓透过立柱底板上的预制孔打入水泥地面并加装保护帽，使立柱固定。

要点2：将钢丝网置于立柱间，对接好钢丝网边框上的连接件与立柱上的连接件，用不锈钢螺栓加以固定。

要点3：进行跨接线、接地引下线的安装。其中，立柱、钢丝网均为不锈钢材质。

要点4：根据施工实际，要现场加焊接地耳时，在焊接完成后，先涂刷防腐漆，再喷涂银粉漆，使焊缝和不锈钢的颜色基本保持一致。

【适用范围】

本经验适用于换流站工程内交流滤波器场、直流滤波器场等区域的围栏施工。

【小结】

和镀锌铁围栏相比，不锈钢围栏在露天的自然环境中更耐腐蚀；强度更高，长期在雨雪、日晒作用下也不易发生形变；不需要表面镀层，从根源上解决了镀层不均匀导致的色泽差异问题，整体观感较好。

经验 14　管母线角度线夹改进

【经验创新点】

确保每一组管母线之间的连接角度一致，三相平行。

【实施要点】

采用过渡板调整角度线夹的角度，过渡板可任意打孔，通过过渡板所打的孔可任意调整角度线夹的角度，从而通过此办法解决现场实际角度问题，管理线连接过渡板实施效果如图 13-14-1 所示。

图 13-14-1　管理线连接过渡板实施效果图

【适用范围】

本经验适用于换流站工程的管母线连接施工。

【小结】

通过采用管母线之间的过渡板打孔方法，有效解决了施工现场因各种误差导致的角度线夹不能满足现场要求的问题。

经验 15　应用金具表面光洁度检查系统防止主通流回路过热

【经验创新点】

通过对金具接头发热产生的原因和应对措施进行分析与总结，提高安装质量，提高电网运行的可靠性，进行专项研究以十步法为基础，提出有效的治理措施。

【实施要点】

要点 1：应用金具表面光洁度检测系统。金具表面及握接面要求光滑，干净，应逐个进行检查和细打磨，用工业酒精擦拭干净，握接应合模，应用高精度表面粗糙度光洁度仪，对金具表面进行光洁度全方位检测，对金具中可能存在毛刺、凹槽、尖端等质量问题进行排查，进一步提高金具的安装质量，从而降低主通流回路发热率。

要点 2：数字化螺栓紧固力矩数据库系统。标准力矩值符合设计要求，并与厂家进行沟通，须符合厂家技术要求，所确定的标准力矩值不得低于国家标准和行业标准。在主通流回路螺栓力矩紧固中，采用新科技用以保证力矩达标，用标准力矩对直流主通回路每个接头力矩进行逐一检查，对于不满足要求的接头重新紧固并用记号笔画线标记，安装好后，利用直阻仪对通流回路上的接头进行直阻测试，测量结果要符合表格中的控制值。

要点 3：制度管控措施。为确保年接头检查及处理过程可控，质量可控，明确了以下管控措施：

（1）事先制定表格（见表 13-15-1），逐个接头明确直阻控制值、力矩要求值，工作人员将检测值计入表格，并签字确认，留档备查。

表 13-15-1 区域及经验控制值表

相应区域	经验控制值
交流区域	（1）测量接头，其直流接触电阻不大于 $20\mu\Omega$
	（2）测量接头，其三相同位置接头直流接触电阻相差不大于 $5\mu\Omega$
阀厅区域	测量接头，其直流接触电阻不大于 $10\mu\Omega$
直流场区域	（1）测量接头，其直流接触电阻不大于 $15\mu\Omega$
	（2）测量接头，其同位置接头直流接触电阻横向相差不大于 $5\mu\Omega$

（2）对承担接头检查和处理工作的具体作业人员进行培训，明确关键工艺控制点，并在地面上模拟装配合格后方可上岗。

（3）指定专人负责接头检查处理工作，全过程监督作业人员检测、检查和处理，如有不符合规定的操作流程应及时制止。

（4）全部工作应有作业人员和监督人员双签证。

【适用范围】

本经验适用于各类主通流回路防发热控制。

【小结】

通过引用表面光洁度检测仪、数字化力矩扳手，优化主通流回路施工管控措施，有效降低金具接触电阻，避免发热。

经验 16 站用电系统前期代运维管理

【经验创新点】

由于换流站采取分步投运，站用电系统投运时正是施工高峰阶段，施工单位多，施工人员的组成比较复杂。为了站用电系统运行期间的设备安全及人身安全，制定了严格的管理制度。

【实施要点】

要点 1：工作票制度。各单位施工前至电气 A 包处办理工作票许可，持票进入带电房间施工。工作完毕后，施工人员清理现场，经站用电运维小组全面检查合格后，由工作负责人带领工作班全体成员撤离工作地点，并对工作票进行终结。

要点 2：低压用电申请制度。因特殊原因需使用站用电系统电源时，各施工单位在站用电运维小组检查无误后向电气 A 包提交"低压用电申请表"进行确认，监理、业主批准后接入指定的 400V 开关柜内。

要点 3：运行维护制度。建立站用电运维小组，指派 4 名认真负责的技术人员对站用电系统进行巡视及维护，对进入带电房间的施工进行监督。

要点 4：巡视记录制度站用电巡视人员按规定的时间、路线进行不间断巡视，执行签到制度并填写日常巡视记录表。项目部专职安全员进行每日查岗，检查配电室设备运行情况及运维巡视人员岗位责任制、交接班制、巡视记录制等各项制度的执行情况。

【适用范围】

本经验适用于换流站施工典型经验。

【小结】

优化站用电系统前期代运维管理，保证施工顺利推进。